우리 산에서 만나는

곤충 200가지

국립수목원 지음

GEOBOOK 지오북

우리 산에서 만나는 곤충 200가지

발간사*

곤충은 산림생태계의 중요한 구성원으로서 나무와 풀은 물론 야생동물, 미생물 등을 포함한 다양한 생물들과 직, 간접적으로 연관을 맺고 살아가고 있습니다. 최근에는 곤충의 생태적인 측면은 물론 생물자원으로서의 관심도 크게 증가하고 있으며, 특히 기후변화에 따른 생태계의 영향을 평가하는데 있어서 곤충상의 변화 연구가 크게 주목받고 있습니다.

우리나라의 산림곤충에 대한 연구는 임업시험장에서 1932년 광릉숲에 서식하는 곤충을 조사 발표한 것이 시초라고 할 수 있어 그 역사가 매우 깊습니다. 국립수목원에서는 산림곤충에 대한 연구 전통을 이어받아 국내 산림은 물론 외국의 주요 산림지역에 서식하는 곤충에 대한 조사 및 분류연구를 확대하여 수행해 오고 있고, 수집된 표본들은 산림생물표본관에 수장하여 관리하고 있습니다.

그러나 이와 같이 산림생태계에서 중요한 위치를 차지하는 곤충임에도, 그리고 오랜 기간 곤충연구를 수행해 왔음에도 불구하고 아직

까지 산림곤충류에 대한 동정이나 기초 정보를 제공하는 책자를 찾아보기 힘든 실정입니다. 이에 저희 국립수목원에서는 그동안 연구를 통해 확보된 자료를 중심으로 우리 산에서 만날 수 있는 대표적인 산림내 곤충들을 모아 「우리 산에서 만나는 곤충 200가지」를 발간하게 되었습니다.

아무쪼록 본 책자가 곤충을 공부하고자 하는 학생들에게는 현장교과서가, 곤충에 관심을 가지는 일반인들에게는 우리의 숲에서 살아가는 곤충들에 대한 이해를 도울 수 있는 안내서가 되었으면 합니다.

2009년 12월

국립수목원장

차 례*

이 책을* 보는 방법

이 책에는 우리 산에서 흔히 볼 수 있는
곤충 200종의 표본사진을 수록하였습니다.

잠자리목

메뚜기목

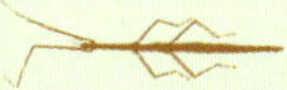
대벌레목

사마귀목

매미목

노린재목

나비목

딱정벌레목

밑들이목

벌목

파리목

풀잠자리목

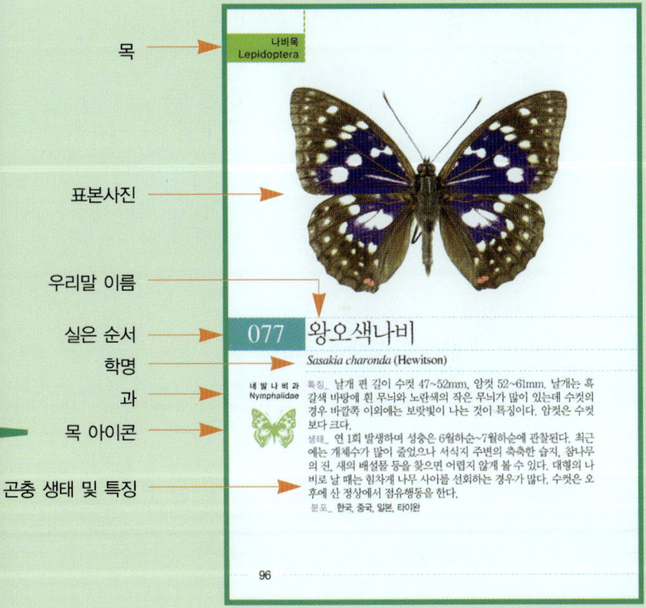
목
표본사진
우리말 이름
실은 순서
학명
과
목 아이콘
곤충 생태 및 특징
나비목
Lepidoptera
077
왕오색나비
Sasakia charonda (Hewitson)
네발나비과
Nymphalidae
특징_ 날개 편 길이 수컷 47~52mm, 암컷 52~61mm. 날개는 흑갈색 바탕에 흰 무늬와 노란색의 작은 무늬가 많이 있는데 수컷의 경우 바깥쪽 이외에는 보랏빛이 나는 것이 특징이다. 암컷은 수컷보다 크다.
생태_ 연 1회 발생하며 성충은 6월하순~7월하순에 관찰된다. 최근에는 개체수가 많이 줄었으나 서식지 주변의 축축한 습지, 참나무의 진, 새의 배설물 등을 찾으면 어렵지 않게 볼 수 있다. 대형의 나비로 날 때는 힘차게 나무 사이를 선회하는 경우가 많다. 수컷은 오후에 산 정상에서 점유행동을 한다.
분포_ 한국, 중국, 일본, 타이완
96

곤충*계통도

이 계통도는 우리나라에
서식하는 곤충강의 목 단위까지
그렸으며, 이 책에 수록된 목만을
그림으로 삽입하였습니다.

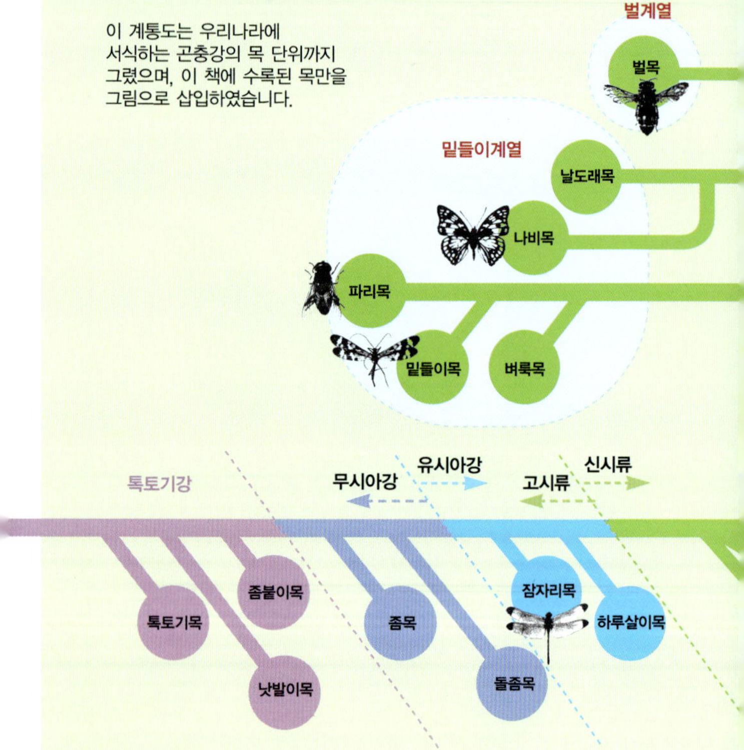

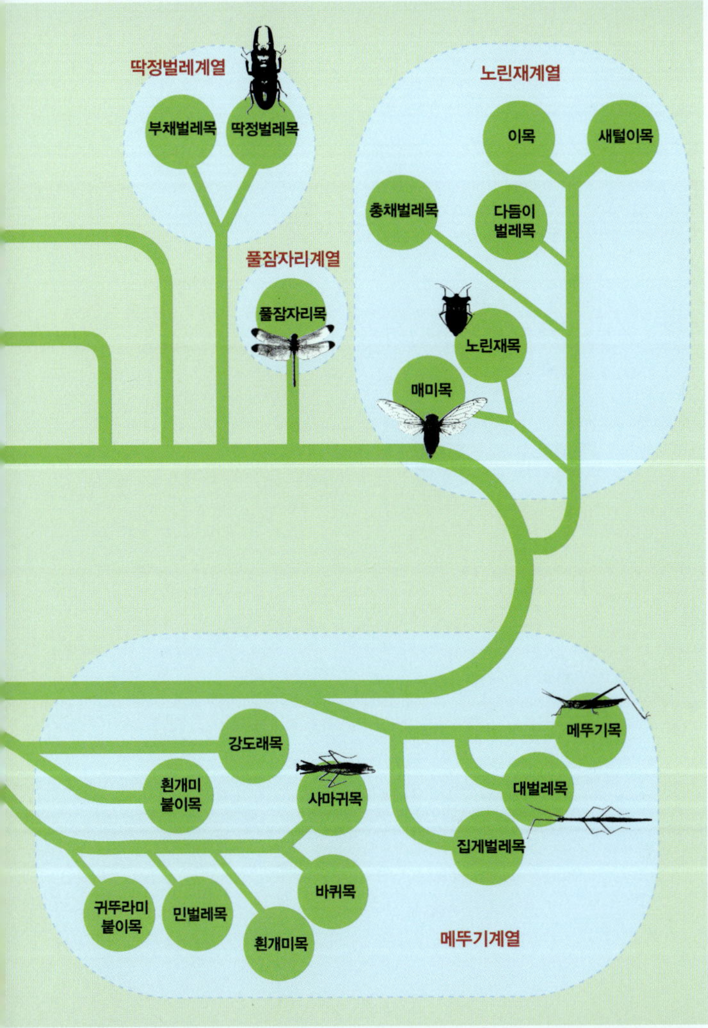
딱정벌레계열
부채벌레목
딱정벌레목
노린재계열
이목
새털이목
총채벌레목
다듬이
벌레목
풀잠자리계열
풀잠자리목
노린재목
매미목
메뚜기목
강도래목
흰개미
붙이목
사마귀목
대벌레목
집게벌레목
바퀴목
귀뚜라미
붙이목
민벌레목
흰개미목
메뚜기계열

곤충*용어설명

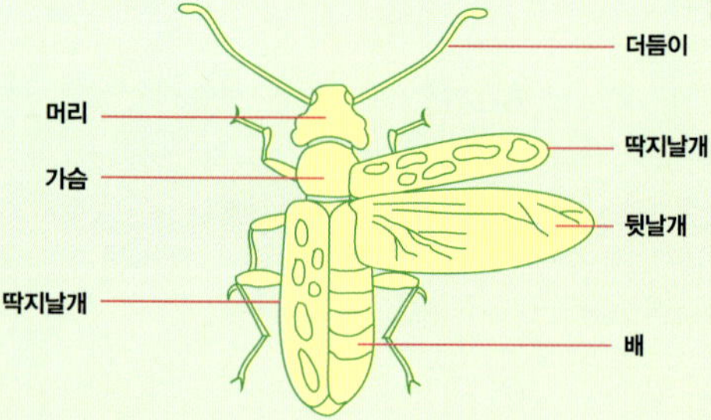

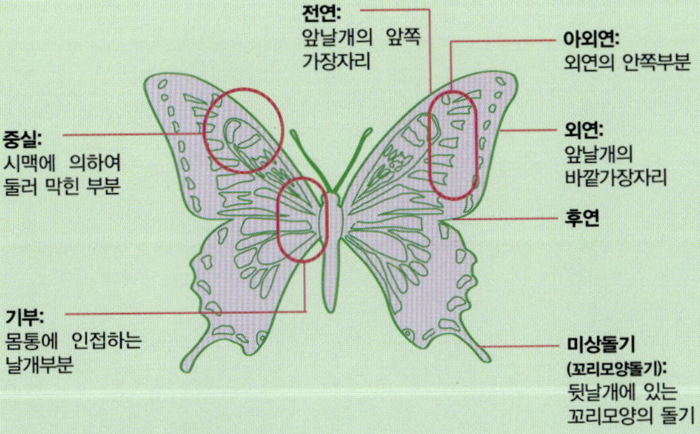

성표: 수컷에서만 나타나는 표시
시정: 앞날개의 앞쪽 끝부분
인편: 나비, 나방의 몸을 덮고 있는 가루

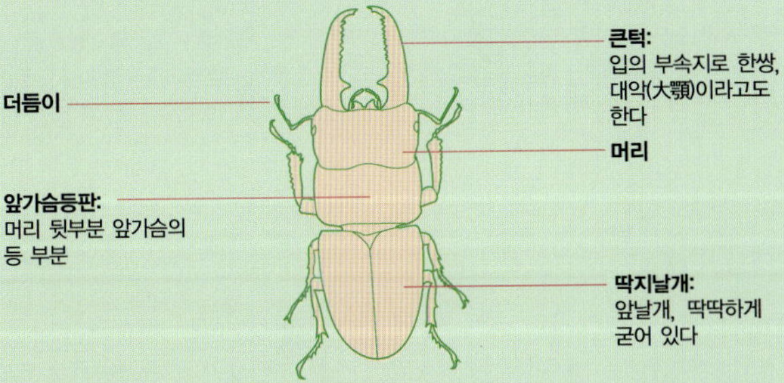

작은턱: 입의 부속지로 한쌍, 소악(小顎)이라고도 한다

곤충*200가지

나비목 Lepidoptera

곤충*200가지

밑들이목 Mecoptera

벌목 Hymenoptera

파리목 Diptera

풀잠자리목 Neuroptera

우리 산에서 만나는 곤충* 200가지

001 검은물잠자리

Calopteryx atrata Selys

물잠자리과
Calopterygidae

특징_ 배길이 46~50mm, 뒷날개 길이 40~43mm. 몸 색깔은 전반적으로 검은색을 띤다. 날개의 색도 검은데, 햇빛을 받으면 검푸른 빛이 나면서 번쩍이는 특징이 있다. 암컷의 경우 날개가 옅은 흑갈색이며 가슴과 배는 흑갈색으로 광택이 없다.

생태_ 성충은 5월~10월초까지 관찰된다. 주로 물살이 느리고 물풀이 많은 물가를 좋아하며, 암컷은 물풀이 많은 곳에 홀로 산란하는 경우가 많다.

분포_ 한국, 중국, 일본

어리장수잠자리 002

Sieboldius albardae Selys

부채장수잠자리과
Gomphidae

특징_ 배길이 55~63mm, 뒷날개 길이 45~53mm. 몸의 크기에 비해 머리는 작은 편이다. 머리, 얼굴, 뒷머리는 흑색을 띠며 좌우겹눈은 멀리 떨어져 위치한다. 이마혹, 이마조각, 윗입술조각, 윗입술, 아랫입술, 가슴은 흑색. 이마 위는 황록색, 턱밑은 흑색. 가운데가슴 앞면 중앙에 녹황색 줄무늬가 있다. 가슴 옆에는 녹황색 띠가 3개 있다. 배는 흑색이고 1~2마디 등 위 중앙에 녹황색 무늬가 있고 각 마디의 앞가두리에 녹황색 무늬가 1쌍 있다. 미부 상부기는 흑색이며 짧고, 앞끝은 가늘어져서 안쪽으로 향한다. 날개는 투명하고 날개맥은 흑갈색이며 가두리무늬는 적갈색이다.

생태_ 성충은 5월하순~9월까지 관찰된다. 유충은 강가의 늪지에 산다.

분포_ 한국, 중국, 일본

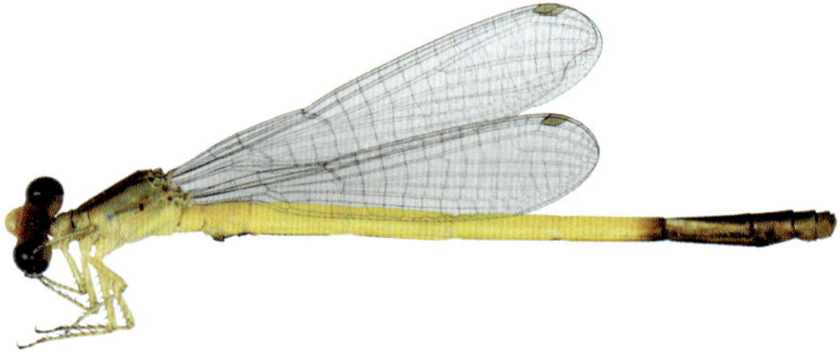

003 노란실잠자리

Ceriagrion melanurum Selys

실 잠 자 리 과
Coenagrionidae

특징_ 배길이 22~35mm, 뒷날개 길이 15~22mm. 머리, 뒷머리, 이마 혹은 녹색이고 얼굴은 황색이다. 이마 꼭대기는 녹색이고, 이마, 이마조각, 윗입술, 아랫입술은 황색이다. 가슴은 등쪽이 암녹색이고 아래쪽은 황색인데 무늬가 없다. 가슴 옆면은 암녹색을 띤다. 배의 제1~5마디는 산뜻한 황색이고 6마디의 뒤 절반은 암황색이며 7마디 이하의 등쪽은 모두 흑색이다. 날개는 투명하고 날개맥은 흑갈색인데, 가두리무늬는 갈색이다. 다리는 모두 황색이다.

생태_ 성충은 평지나 산속의 연못이나 웅덩이 등지에서 5월하순~9월하순경에 관찰된다.

분포_ 한국, 중국, 일본

시골실잠자리 004

Coenagrion ecornutum Selys

실잠자리과
Coenagrionidae

특징_ 배길이 23~24mm, 뒷날개 길이 15~16mm. 수컷은 전체적으로 담청색 바탕에 넓은 흑색 줄무늬가 곱게 아로새겨져 있다. 배 9마디의 등면에 하트형의 조그만 흑색 점무늬가 있으며 암컷은 수컷에 비해 배마디 등면의 담청색 무늬가 짧고 흑색 무늬는 길며 배가 가슴에 비해 굵다. 가슴은 작고 특히 암컷은 배가 가슴에 비해 굵고 긴 편이다.

생태_ 직립형으로 우화하며 다른 실잠자리에게서 볼 수 있는 텃세권을 행사하지 않는 점이 특이하다. 성충은 6월중순~8월중순까지 관찰된다. 유충은 산 속의 연못이나 물웅덩이 속에 살고 몸 색상은 황록색이며 몸매가 가늘고 섬세하다.

분포_ 한국, 중국(동북), 일본, 러시아(사할린, 시베리아)

005 왕잠자리

Anax parthenope julius Brauer

왕잠자리과
Aeshnidae

특징_ 배길이 50~55mm, 뒷날개 길이 50~55mm로 대형 잠자리이다. 머리, 얼굴, 뒷머리 등은 녹황색을 띠며 이마혹은 흑갈색이다. 가슴은 녹색인데 무늬는 거의 없다. 복부 제1~2마디의 등쪽은 수컷의 경우 연한 푸른색, 암컷은 황록색이다. 날개는 투명하고 밑과 끝부분 이외에는 감색인 경우가 많다. 날개맥은 갈색인데 앞가두리맥은 녹색인 것이 특징이다.

생태_ 유충은 비교적 넓은 수면이 있는 연못이나 강가의 물이 괸 곳에서 산다. 성충은 4~5월, 8~10월에 관찰된다. 교미가 끝난 암수는 떨어지지 않은 채 산란을 하는 특징이 있다.

분포_ 한국, 중국, 일본, 타이완

날개띠좀잠자리 006

Sympetrum pedemontanum elatum (Selys)

잠 자 리 과
Libellulidae

특징_ 배길이 23~28mm, 뒷날개 길이 26~31mm. 머리에 속하는 부분은 모두 주황색을 띠며, 가슴, 가운데, 가슴 옆면에는 무늬가 없고 역시 주황색이다. 배는 적색 또는 주황색이고 수컷에는 무늬가 없고 암컷에는 작은 흑색 무늬가 있다. 날개는 투명하고 결절과 날개 끝의 중앙에는 넓은 갈색 띠가 있다. 그 띠는 앞 뒤 모두 폭이 같다. 날개맥은 황갈색이고 가두리무늬는 적색 또는 황색이다. 수컷이 두드러지게 빨간색을 띠며 암컷은 황갈색으로 연약한 느낌을 준다.

생태_ 성충은 6월중순~11월까지 관찰된다.

분포_ 한국, 중국(동북), 일본, 러시아(시베리아), 유럽

007 고추잠자리

Crocothemis servilia servilia (Drury)

잠 자 리 과
Libellulidae

특징_ 배길이 28~32mm, 뒷날개 길이 33~36mm. 암수 모두 크기가 비슷하다. 머리의 폭은 7mm 정도이고 몸에 털이나 돌기가 없이 매끈한 편이다. 배마디 옆면에는 작은 톱니모양이 발달해 있어 굵게 보인다. 암컷과 수컷의 몸 색깔이 다른데, 갓 우화한 성충은 암수 모두 가슴이 황색이고 배는 주황색인데, 가을이 깊어감에 따라 수컷은 가슴이 갈색으로 변하고 배는 전체가 빨간색으로 물드는 반면 암컷은 희미한 오렌지색으로 변하는 것이 특징이다.

생태_ 성충은 주로 낮은 지역의 연못이나 구릉지의 늪 또는 논 등지에서 6~7월부터 나타나기 시작하며 11월까지 관찰된다. 우화한 성충은 고산지대로 이동하여 여름 동안에는 산꼭대기 부근에서 떼를 지어 지내다가 기온이 내려가면 다시 산 아래로 내려와 물가나 연못에서 알을 낳는다.

분포_ 한국, 중국, 일본, 타이완, 인도차이나, 인도

밀잠자리 008

Orthetrum albistylum speciosum (Uhler)

잠자리과
Libellulidae

특징_ 배길이 35~40mm, 뒷날개 길이 40~45mm. 수컷의 뒷머리는 흑갈색을 띠는 반면 암컷은 노란색이다. 이마혹은 흑색이며 이마, 머리방패, 윗입술조각의 경우 수컷은 광택성 회흑색, 암컷은 노란색을 띤다. 가슴 옆면에는 흑색 줄무늬가 3줄 발달되어 있다.
생태_ 성충은 4월중순~10월중순까지 관찰되며 주로 평지 또는 구릉지의 수초가 많은 연못, 습지, 논 등에서 산다. 교미가 끝난 암컷은 수컷의 보호를 받으며 수생식물이 밀집한 늪이나 저수지 등의 수면 위에 산란한다.
분포_ 한국, 중국, 일본, 타이완

009 중간밀잠자리

Orthetrum japonicum internum McLachlan

잠자리과
Libellulidae

특징_ 배길이 27mm 내외, 뒷날개 길이 33mm 내외. 수컷의 가슴 및 복부는 흰 가루가 덮여 있으며 밀잠자리와 매우 흡사하다. 이마 혹은 흑색이며, 이마는 녹황색이다. 배는 회백색이며 무늬가 없고 끝부분만 흑색이다. 날개는 투명하고 밑에는 작은 황색 무늬가 있다. 날개맥은 흑갈색이고, 가두리무늬는 황색 또는 갈색을 띤다.

생태_ 성충은 5월초순~8월초순까지 관찰된다. 교미시간은 1시간 내외이며 교미 후 암컷은 홀로 산란한다.

분포_ 한국, 중국, 일본, 타이완, 인도

나비잠자리 010

Rhyothemis fuliginosa Selys

잠자리과
Libellulidae

특징_ 배길이 22~25mm, 뒷날개 길이 34~38mm. 머리는 흑색이고 뒷머리와 이마혹은 어두운 남색을 띤다. 이마조각과 윗입술조각은 흑자남색이고 윗입술과 아랫입술은 흑색이다. 가슴은 남색 광채가 있는 흑색이고 가운데가슴과 가슴 옆면도 흑람색이다. 배는 비교적 가늘고 짧으며 흑색인데 광채가 있다. 미부 상부기는 가늘고 길며 미모는 흑색인데 짧다. 날개는 앞날개 앞 끝의 1/4과 뒷날개 앞 끝의 작은 부분이 투명하고 그 외의 부분은 광채를 내는 흑색. 뒷날개는 현저하게 폭이 넓고 날개맥은 갈색이며 가두리무늬는 흑갈색. 다리는 짧고 약하며 흑색이다.

생태_ 보통 6~9월까지 무리를 지어 낮게 나는 모습을 관찰할 수 있다. 교미는 단시간에 이루어지는데 교미 후 암컷은 홀로 산란한다.

분포_ 한국, 중국, 일본

011 고추좀잠자리

Sympetrum depressiusculum (Selys)

잠자리과
Libellulidae

특징_ 배길이 20~26mm, 뒷날개 길이 23~32mm. 갓 우화된 개체는 암수 모두 가슴이 황색이고 배는 주황색이다. 가을이 되면 가슴이 갈색으로 변하는데 수컷은 배 전체가 적색, 암컷은 배의 위쪽만 적색이 된다. 야외에서는 고추잠자리와 외형상 유사하나 가슴 옆면의 무늬 및 색상이 다르고 배의 옆면에 작은 톱니모양이 발달되지 않은 점 등으로 구분된다.

생태_ 성충은 낮은 지역의 못이나 늪에서 6, 7월에 출현하기 시작하여 점차 높은 지대로 이동한다. 여름 동안에는 산정부에서 무리를 짓고 기온이 내려가면 다시 산 아래쪽으로 내려와 물가나 연못에서 산란한다. 가을에 하늘을 떼 지어 날아다니며 한국에서 가장 흔한 잠자리 중 하나이다.

분포_ 한국, 일본, 러시아(시베리아), 유럽

깃동잠자리 012

Sympetrum infuscatum (Selys)

잠 자 리 과
Libellulidae

특징_ 배길이 25~30mm, 뒷날개 길이 28~37mm. 수컷에 비해 암컷이 조금 크며, 날개 끝 쪽에 있는 흑갈색 무늬도 암컷이 더 짙다. 암수 모두 가슴과 배에 흑색의 줄이 발달해 있다. 가슴 옆면에는 검은색 줄무늬가 굵게 발달되어 있다. 완전히 성숙한 수컷은 몸 전체가 적갈색을 띤다.

생태_ 주로 계곡 사이의 구릉지나 연못 부근에서 많이 발생하며 성충은 6~11월에 걸쳐 과수원 주변이나 경작지 등지에 흔하게 관찰된다. 여름에는 주로 숲 속에서 생활하며, 가을에 산란하기 위해 물가로 내려온다.

분포_ 한국, 중국, 일본, 타이완

013 콩중이

Gastrimargus marmoratus (Thunberg)

메뚜기과
Acrididae

특징_ 몸길이 40~57mm. 몸은 짙은 녹색 또는 흑갈색이다. 풀밭에 사는 개체의 경우는 녹색이 강하게 나타난다. 머리꼭대기돌기는 폭이 넓으며 둥그렇고 뒤쪽으로 연장하는 1개의 종융기선이 있다. 앞가슴은 길고 어깨는 높고 앞가두리의 중앙은 앞쪽으로 돌출하고 뒷가두리는 뒤쪽으로 예리한 모로 연장되었다. 앞날개의 볼기부는 짙은 녹색이고 그 외는 흑갈색인데 2개의 회색 횡대가 있다. 암컷의 것은 불규칙하다. 뒷날개에는 흑갈색 중앙대가 있고 밑은 담황색이고 바깥쪽은 다소 어두운 색이다. 뒷종아리마디는 홍색이고 밑부의 고리는 분명치 않다.

생태_ 연 1회 발생하며 알로 월동한다. 주로 들판이나 숲가장자리 또는 냇가의 초지에 서식한다. 콩과식물을 먹고사는 것으로 알려져 있다.

분포_ 한국, 일본, 타이완

풀무치 014

Locusta migratoria (Linne)

메뚜기과
Acrididae

특징_ 몸길이 48~65mm. 몸은 주로 녹색이지만 검은색, 갈색 등으로 다양하며 풀밭에 숨으면 잘 관찰되지 않는다. 콩중이와 비슷하나, 앞가슴의 중앙종융기선은 뚜렷하지 않고 중앙에서 명백히 횡구로 절단되어 있다. 앞가슴은 어깨에서 뚜렷이 모가 났고 뒤쪽으로 심하게 퍼졌다. 앞날개는 가늘고 길며 옅은 색이고 무늬는 불규칙하고 볼기부는 녹색인 것이 없다. 뒷날개에 흑갈색 중앙대가 없다. 과거 한국이나 중국에서는 황충(蝗蟲)이라 불렀으며, 종종 떼로 몰려다니며 농작물에 막대한 피해를 주기도 한다.

생태_ 성충은 7월~11월까지 관찰된다. 주로 벼과식물을 먹이로 하며 산간벽지나 묘지 주변의 잡초와 풀이 우거진 곳에 살며 알로 월동한다.

분포_ 한국 및 전 세계

015 팥중이

Oedaleus infernalis Saussure

메뚜기과
Acrididae

특징_ 몸길이 32~45mm. 몸은 갈색이고 머리꼭대기돌기는 폭이 넓고 경사지며 앞가두리는 절단되었고 밑부 구멍은 삼각형이다. 앞가슴은 다소 지붕모양인데 암갈색 또는 흑갈색을 띤다. 특히 중앙에 X자모양의 옅은 색 선이 있다. 앞날개는 뒷무릎을 초월하고 볼기부는 옅은 갈색 또는 암갈색이고 담색의 작은 점무늬가 많이 있다. 그 외는 흑갈색이고 수 개의 회황색 큰 무늬가 나란히 있는데, 암컷의 것은 불규칙하다. 뒷날개에는 흑갈색의 중앙대가 있고 밑은 옅은 황색이고 외부는 다소 어두운 색이다. 콩중이와 외형상 비슷하나 몸이 작고 흑갈색이며 암컷의 앞가슴 종융기는 얕고, X자 형상의 무늬가 뚜렷이 발달되어 있는 특징으로 구분할 수 있다.

생태_ 주로 산기슭이나 하천가에 위치한 풀밭에서 산다. 콩과식물을 먹이로 하며 7월하순~10월까지 관찰된다.

분포_ 한국, 중국, 일본

방아깨비 016

Acrida cinerea cinerea (Thunberg)

메뚜기과
Acrididae

특징_ 몸길이 54~89mm. 몸은 길고 녹색 또는 회갈색을 띤다. 머리는 대단히 길고 앞쪽으로 돌출했으며 원추형에 가깝고 등쪽에 1개의 종융기선 때로는 3개의 어두운 색 종선이 있다. 머리꼭대기는 겹눈의 앞쪽으로 돌출하고 등쪽은 넓적하고 다소 세로로 오목하고 그 말단은 둥그렇다. 앞가슴은 머리보다 짧고 중앙에서 다소 좁아졌고 앞가두리선은 직선으로 되었고 뒷가두리선은 돌출하고 등쪽에 3개의 종융기선이 있다. 수컷의 버금생식판은 원추형이고 산란관은 짧고 촉각은 넓적하고 칼모양이다. 날개는 발달하여 배의 말단보다 길고 앞날개의 말단은 뾰족하다. 뒷허벅마디는 특히 길다. 수컷은 암컷에 비하여 대단히 작아서 다른 종류같이 보인다.

생태_ 산이나 들판 또는 경작지를 비롯하여 벼과식물이 많은 초원에 서식한다. 연 1회 발생하며, 성충은 7월~10월까지 관찰된다.

분포_ 한국, 중국, 일본, 타이완

017 섬서구메뚜기

Atractomorpha lata (Motschulsky)

섬서구메뚜기과
Pyrgomorphidae

특징_ 몸길이 28~42mm. 몸은 작고 옅은 녹색. 암컷은 수컷에 비하여 아주 크다. 머리는 원추형이고 머리꼭대기돌기는 겹눈보다 길고 말단일수록 좁아지나 뾰족하지는 않다. 등쪽은 넓적하고 중앙에 1개의 가는 종구가 있는데 뒷머리의 뒷가두리까지 달한다. 더듬이는 칼모양이다. 앞가슴은 길고 넓적하며 뒤쪽으로 갈수록 넓다. 옆조각은 낮고 아랫가두리는 올록볼록한 알로 연결된 선이 있다. 앞날개는 가늘고 길며 말단은 뾰족하다. 뒷날개의 1/2 밑은 옅은 황색이고 뒷허벅마디는 가늘고 꼬리끝에 이른다.

생태_ 성충은 6~11월에 관찰된다. 주로 논밭이나 풀밭 등지에서 볼 수 있는데 여러 가지 풀잎이나 꽃잎 등을 먹고산다. 수컷의 몸이 워낙 작아서 교미시에는 마치 암컷이 새끼를 업고 다니는 것처럼 보인다.

분포_ 한국, 중국, 일본, 타이완

방울벌레 018

Homoeogryllus japonicus (de Haan)

귀뚜라미과
Gryllidae

특징_ 몸길이 16~18mm. 몸 색깔은 어두운 갈색 또는 흑갈색을 띤다. 머리는 작고 이마돌기는 매우 가늘게 앞쪽으로 나와 있다. 더듬이는 연한 황갈색이고 중앙부의 대부분은 백색이다. 앞가슴등판은 짧고 둥근 편이며 가운데에는 주름이 있다. 앞날개는 꼬리끝보다 길다. 등면은 수컷은 대단히 폭이 넓고 큰 발음기가 있다. 암컷은 가늘고 끝이 약간 뾰족하고 5~6개의 세로맥이 있다. 뒷날개는 꼬리모양으로 발달되었으나 나중에는 떨어진다. 산란관은 가늘고 길며 뒷종아리마디보다 길고 끝은 다소 아래쪽으로 향했다.

생태_ 보통 땅 위에 살며 소리가 아름다운 것으로 유명하다. 야생에서는 썩은 식물이나 벌레의 시체를 먹는다.

분포_ 한국, 일본, 타이완

019 귀뚜라미

Velarifictorus aspersus (Walker)

귀뚜라미과
Gryllidae

특징_ 몸길이 17~21mm. 몸 전체가 흑갈색이고 점무늬가 있다. 머리는 둥글고 광택이 있다. 머리꼭대기에 연한 황색 횡선이 1개 있고 뒷머리에는 6개의 분명치 않은 연한 황색 종선이 있다. 머리꼭대기는 돌출하였다. 겹눈은 타원형이고 촉각은 가늘고 길어서 체장의 1.5배보다 길다. 앞가슴등에는 연한 색의 불규칙한 점무늬가 많이 나 있다. 앞날개는 꼬리끝에 달하지 못한다. 뒷날개는 퇴화하여 작은 것이 보통이나 반대로 발달한 것도 있다. 다리는 연한 색인데, 흑갈색 점무늬가 산재하였다. 뒷다리 종아리마디의 가시는 바깥쪽에 6개, 안쪽에 5개 있고 미모는 체장의 반보다 길다. 산란관은 미모보다 길고 끝은 뾰족하다.

분포_ 한국, 일본

꼽등이 020

Diestrammena apicalis Brunner

꼽등이과
Rhaphidophoridae

특징_ 몸길이 40~50mm. 몸은 전체적으로 어두운 갈색을 띤다. 외형상 알락꼽등이와 근사하나 흑색 무늬가 없는 점으로 구별이 된다. 앞가슴에 황갈색의 불규칙한 무늬가 있고 가운데 뒷가슴에는 같은 색 가로선이 있다. 배에도 황갈색 무늬가 있고 산란관은 체장과 거의 같은데 적갈색이고 위쪽으로 향하였으며, 다리는 황갈색이고 앞·가운뎃다리 허벅마디의 끝은 어두운 갈색이고 밑은 황백색이다.

생태_ 주로 어두운 곳에서 생활하며 연중 발생한다. 약충과 성충 모두 부식질이나 썩은 시체 등을 먹고 산다.

분포_ 한국, 일본, 타이완

021 모메뚜기

Tetrix japonica (Bolivar)

모메뚜기과
Tetrigidae

특징_ 몸길이 7~11mm. 몸은 회갈색 또는 흑갈색이며 앞가슴등 위에 흑색 무늬가 2개 있는 것이 보통이다. 머리는 비교적 크고 머리꼭대기는 겹눈보다 폭이 넓고 다소 앞쪽으로 돌출하였으며 중앙의 종융기선은 뚜렷하고 얼굴의 융기는 좌우로 나뉘었고 아래쪽으로 갈수록 벌어졌다. 옆으로 볼 때에는 다소 앞쪽으로 구부러졌고 위 끝은 우묵하게 들어갔다. 앞가슴은 짧아서 뒷허벅마디 끝에 이르지 못한다. 중앙선이 융기하였기 때문에 지붕과 같이 보인다. 겹눈은 옆쪽으로 돌출하여 있다.

생태_ 주로 평지의 들판에서 살며 성충은 9~10월에 볼 수 있다. 낙엽을 비롯한 각종 식물을 먹고살며 성충으로 월동한다.

분포_ 한국, 중국, 일본, 러시아, 타이완

베짱이 022

Hexacentrus unicolor Serville

여치과
Tettigoniidae

특징_ 몸길이 30~36mm. 몸 색깔은 연한 청색이며 머리꼭대기돌기는 옆으로 넓적하고 앞이마돌기와 연속하지 않는다. 머리는 등면과 더불어 옅은 갈색이고 앞가슴은 뚜렷하게 둥글고 안장모양이며 중앙은 담갈색인데 뒤쪽이 넓다. 앞날개는 뒷허벅마디 끝을 초월하고 중앙은 폭이 넓고 뒤끝은 가늘며 둥그렇다. 발음부는 크고 갈색인데 타원형의 발음경은 담녹색이다. 수컷의 미모는 짧고 굵으며 말단은 가늘고 안쪽으로 구부러졌다. 산란관은 머리와 앞가슴의 길이를 합친 것보다 길고 칼모양이고 직선이다.

생태_ 주로 들이나 풀밭에서 관찰되며 성충은 9~10월에 볼 수 있다. 야행성이며 육식성으로 다른 곤충을 잡아먹는다.

분포_ 한국, 일본,

023 날베짱이

Holochlora longifissa Matsumura et Shiraki

여 치 과
Tettigoniidae

특징_ 몸길이 45~55mm. 몸은 기본적으로 녹색인데 두텁날개 기부 전연맥은 백색이고 바깥 테두리는 흑색을 띤다. 앞넓적다리마디는 적색이며 뒷넓적다리마디의 복면 가시는 흑색이다. 산란관은 갈색이며 가장자리는 흑색이다. 베짱이붙이와 비슷하나 앞넓적다리마디가 적색인 특징으로 구분된다.

생태_ 성충은 7~10월에 관찰된다. 산길 주변에 있는 작은 나무의 잎 위에서 생활하며 잎을 섭식한다. 주로 낮에 활동하는데 야간에는 불빛에 모여들기도 한다. 수컷은 짧게 찌지지지하고 작은 소리를 낸다.

분포_ 한국, 중국, 일본

땅강아지 024

Gryllotalpa orientalis (Burmeister)

땅강아지과
Gryllotalpidae

특징_ 몸길이 30~35mm. 몸은 황갈색 내지 흑갈색이고 온몸에 융과 같은 털이 덮여 있으며 앞다리는 두더지와 같이 땅을 파는데 알맞도록 강하고 넓적하게 되어 있다. 앞날개는 작고 뒷날개는 크며, 날지 않을 때는 가늘고 길게 등 위에 접어놓는다. 암컷은 앞날개 중앙에 종맥(縱脈)을, 수컷은 시맥(翅脈)을 가지고 있다. 암, 수 모두 시맥에 발음 돌기가 10여 개 발달되어 있다.

생태_ 연 1회 발생한다. 습기를 좋아하며 저지대에 산란하는데 땅속 10~20cm의 흙집을 만들어 200~350개의 알을 낳는다. 부화된 약충은 일정기간 동안 흙집 속에서 알 껍질을 먹고 자라며 그 이후에도 산란 장소를 멀리 떠나지 않고 땅속 10~30cm에서 우화한다. 성충은 주로 밤에 활동하며 비상(飛翔) 시간은 해가 지고 어둠이 깔린 직후부터 2~3시간 동안으로 알려져 있다.

분포_ 한국, 일본, 타이완, 뉴질랜드, 호주

025 대벌레

Baculum elongatum Thunberg

대벌레과
Phasmatidae

특징_ 몸길이 7~10cm. 몸 빛깔은 서식하는 환경이나 주변 식생에 따라 담갈색, 흑갈색, 녹색, 황록색 등 여러 가지로 변하기도 한다. 수컷은 암컷에 비해 매우 가늘고 담녹색을 띤다. 대개 몸은 가늘고 길며 머리는 앞가슴에 비해 길고 앞쪽이 뚜렷하고 굵은 것이 특징이다. 날개는 퇴화되어 날지 못하며 다리는 걷기에 알맞도록 발달되어 있다.

생태_ 주로 숲 속의 나뭇가지나 풀에서 생활한다. 연 1회 발생하며 성충은 6~10월부터 늦가을까지 볼 수 있다. 일반적으로 암컷에 비해 수컷의 동작이 민첩하다. 숲 속의 나무 또는 풀에서 살며 기주식물로는 상수리나무, 졸참나무, 갈참나무, 떡갈나무, 밤나무, 생강나무, 느티나무, 황매화, 나무딸기, 살구나무, 복사나무, 벚나무, 사과나무, 돌배나무, 등나무, 아까시나무, 감나무 등이 알려져 있다.

분포_ 한국, 일본

황라사마귀 026

Mantis religiosa (Linne)

사마귀과
Mantidae

특징_ 몸길이 50~65mm. 몸은 옅은 녹색 또는 옅은 갈색이다. 수컷의 더듬이는 굵고 긴 반면 암컷은 실모양으로 짧다. 앞가슴은 보통형인데 긴 편이어서 수컷은 나비의 3.5배 정도이고 암컷은 3배 정도이다. 수컷의 더듬이는 굵고 길며, 암컷은 털모양이고 짧다. 앞 날개는 꼬리끝을 약간 넘어선다. 뒷날개는 앞날개의 뒤쪽으로 연장되었다. 다리는 길지 않고 몸과 색이 같고, 미모는 길어서 꼬리끝의 뒤쪽으로 연장되었다. 앞밑마디 안쪽에 검은 얼룩무늬가 나 있으며 뒤넓적다리마디에 가시돌기가 없는 특징으로 다른 종들과 구분된다.

생태_ 주로 8~10월에 들이나 개천가 풀밭에서 관찰된다. 작은 곤충이나 소형척추동물을 잡아먹고 살며 알로 월동한다.

분포_ 한국, 일본, 타이완 등 전 세계

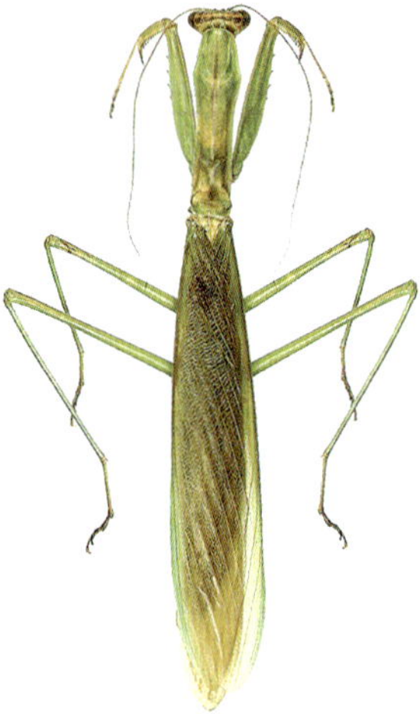

027 사마귀

Tenodera angustipennis Saussure

사마귀과
Mantidae

특징_ 몸길이 70~82mm. 몸은 크고 황갈색 또는 녹색이다. 왕사마귀와 비슷하나 앞가슴의 뒤쪽은 앞다리의 밑마디보다 조금 긴 점(왕사마귀는 매우 길다)으로 구별된다. 앞가슴의 어깨는 비교적 발달하였고, 옆가두리의 수평부는 가늘지만 앞쪽은 폭이 넓다. 배는 암컷의 경우 폭이 넓고 앞날개는 꼬리부의 뒤쪽에 연장되고 갈색의 날개맥이 있다. 뒷날개는 앞날개의 뒤쪽에 조금 연장되고 흑갈색이며 불규칙한 옅은 색 무늬가 산포되었다. 다리는 가늘고 길며 앞밑마디는 아랫바깥가두리에 16개 이상의 짧은 가시가 있고 앞허벅마디의 아랫바깥가두리에는 4개, 아랫안가두리에는 17개 내외의 가시가 있고 중간 가시는 4개인데 둘째 것이 특히 길고 크다.

생태_ 주로 평지나 저수지 주변의 초원지대에 산다. 성충은 9~11월에 관찰된다.

분포_ 한국, 중국, 일본, 베트남, 인도차이나

만주거품벌레 028

Aphrophora straminea Kato

특징_ 몸길이 약 7mm. 몸은 황갈색이고, 배의 등면은 암갈색이다. 정수리는 옆면에 길이로 주름이 졌다. 이마판의 양 옆은 갈색이다. 얼굴은 광택이 나고 점각은 없으며 앞끝 가까이에 흰무늬가 있다. 주둥이 끝은 암갈색이다. 앞가슴등은 주름지게 점각이 있고 가운데 세로선 양 옆은 깊게 함입되었다. 앞가슴배판은 암갈색이다. 다리는 몸과 같은 색이고 종아리마디는 황갈색이다. 발톱 및 각 발목마디의 끝은 암갈색이다. 배마디의 배면과 옆면은 암황갈색을 띤다.
생태_ 주로 산지에 서식하는데 성충은 4~7월에 관찰된다. 늘 거품 물질을 토해 놓고 그 속에 숨어서 적으로부터 피하거나 혐오감을 주는 습성이 있다.
분포_ 한국, 중국(동북)

거품벌레과
Aphrophoridae

029 어리광대거품벌레

Philaronia nigrifrons Matsumura

거품벌레과
Aphrophoridae

특징_ 몸길이 수컷 5~5.8mm, 암컷 6.8mm. 몸의 등면은 약간 칙칙한 연노랑색 또는 담황색 바탕에 흑색 무늬가 뚜렷하게 발달되어 있다. 머리는 비교적 작은 편이며 등면은 편평하다. 앞가슴등판은 연노랑색 바탕에 갈색 가로줄무늬가 2개 있다. 등판의 앞가장자리는 튀어나오고 양옆가장자리는 거의 직선에 가까우며 더듬이는 짧다. 앞날개는 담황색 바탕에 흑갈색 가로무늬가 뚜렷하고 그 앞의 것은 작은 방패판을 포함하고 그 뒤편에 확대된 가로띠를 형성하나 앞가장자리 부위에서는 희미하다. 다리도 담황색 또는 연황색이나 발목마디의 끝 부분은 흑갈색이고 뒷다리의 종아리마디 끝에 2개의 가시돌기가 있다.

생태_ 주로 쥐똥나무에 붙어산다.

분포_ 한국, 일본

꽃매미(화산꽃매미, 희조꽃매미) 030

Limois emelianovi Oshanin

꽃매미과
Fulgoridae

특징_ 몸길이 약 9~11mm, 날개 편 길이 30~35mm. 암컷이 수컷보다 다소 큰 편이다. 몸의 색깔은 연한 갈색이며, 날개를 접었을 때는 흑갈색 얼룩무늬가 나타나며 참나무류의 나무껍질과 비슷해서 보호색을 띤다. 날개를 폈을 때는 뒷날개의 기부 부분에 뚜렷하게 붉은색 무늬가 나타나는 아름다운 곤충이다. 머리는 앞모서리가 수직으로 좁게 발달하였고, 뒤쪽으로 휘어져서 기묘한 모양을 만든다. 중앙종주선은 볼록하게 융기되어 있고, 앞가슴등판은 길이보다 폭이 2배 가량 넓고 흑갈색 점무늬가 나타난다. 작은 방패판은 앞가슴등판보다 크고 3줄의 세로로 볼록한 선이 나타난다.

생태_ 주로 숲이 우거진 산림지대와 관목 숲에서 매우 드물게 발견된다.

분포_ 한국, 중국, 일본

031 말매미

Cryptotympana dubia (Haupt)

매미과
Cicadidae

특징_ 몸길이 40~48mm, 날개 편 길이 60~70mm. 크기가 큰 대형매미로, 몸은 광택이 나는 흑색이며 종종 황금색 가루에 덮여 있는 경우도 있다. 배마디의 옆 가장자리, 배딱지의 가장자리, 그리고 가운뎃다리와 뒷다리의 종아리마디에는 주황색 무늬를 가진다. 앞날개는 투명하나, 기부는 흑색이며, 날개 맥은 흑갈색을 띤다.

생태_ 성충 발생기는 6월말~9월하순이며, 경작지나 산야에 흔하게 분포한다. 성충의 울음소리는 매우 커서 도심지에서는 소음의 원인이 되기도 하며 종종 수목의 가지에 기생해서 피해를 준다. 울음소리는 '쐬~' 하는 연속음으로 여러 개체가 모여서 합창을 하는 습성이 있는데 마치 폭포수 소리를 연상하게 하는 거대한 소리를 내기도 한다.

분포_ 한국, 중국

유지매미 032

Graptopsaltria nigrofuscata (Motschulsky)

매미과
Cicadidae

특징_ 몸길이 34~36mm, 날개 편 길이 50~60mm. 몸의 등면은 흑색 또는 흑갈색 바탕에 적갈색 무늬가 불규칙하게 발달되어 있으며 변이가 심한 편이다. 종종 몸의 표면에 흰가루가 뿌려져 있는 경우가 있다. 이와 같은 흰가루는 등판 주변과 복부 등면의 기부 부위에 집중적으로 산포해 있다. 앞날개와 뒷날개는 불투명하고 갈색, 흑색 및 초록색 무늬가 서로 알록달록하게 구름모양으로 배열되어 있으며 변화가 심하다. 날개 맥은 황갈색이고 마치 기름에 젖은 듯 보인다. 배는 검은색이며 광택을 띤다.

생태_ 주로 산야의 울창한 숲 속에 산다. 성충은 7월초순~9월중순까지 출현하며 연 1회 발생한다. 유충기간은 5년 정도이다. 울음소리는 '지글지글지글~' 굵은 톤으로 처음에는 천천히 시작하여 점점 빨라지고 높아지다가 어느 정도 정점을 지나면서 점차 천천히 낮아진다.

분포_ 한국, 중국(동북), 일본, 뉴기니

033 애매미

Meimuna opalifera (Walker)

매미과
Cicadidae

특징_ 몸길이 28~35mm, 날개 편 길이 40~48mm. 몸의 등면은 회황색 바탕에 초록색 또는 적갈색 및 흑색 무늬가 알록달록하게 나 있다. 특히 머리와 가슴 부위에는 연두색이 뚜렷하게 나타난다. 아랫면은 연두색 또는 황갈색을 띠는데, 때때로 흑화된 경우도 있다. 수컷의 발음기는 길게 발달하였고, 암컷의 산란관은 매우 가늘고 길다. 종종 몸의 표면에 흰가루가 산포되어 있기도 한다. 가운데 가슴등판은 W자모양의 녹색 무늬 또는 개체에 따라 적갈색 무늬가 뚜렷하게 나 있다.

생태_ 산야와 마을 주변, 그리고 도서 지방에 흔히 분포하고 있으며, 해발 600m 이하에서 주로 활동한다. 울음소리는 '씨우~ 쥬쥬쥬' 로 시작해서 '씨우츠 씨우 츠츠르르르' 하고 끝난다. 일단 한자리에서 울고 나면 곧 자리를 옮겨간다.

분포_ 한국, 중국, 일본

참매미 034

Oncotympana fuscata (Distant)

매 미 과
Cicadidae

특징_ 몸길이 33~36mm, 날개 편 길이 55~65mm. 몸의 위쪽은 검은 바탕에 흰색 또는 녹색 무늬가 섞여 있다. 머리와 가슴의 측면은 검은색이며 무늬가 크고 서로 이어져 있다. 배는 검은색이며 은색의 가는 털이 나 있다. 날개는 투명하고 날개의 맥은 기부의 절반 정도가 암갈색이며 그 외에는 어두운 색을 띤다.

생태_ 주로 넓은 숲에 많으며, 지역에 따라서는 산에서만 사는 경우도 있다. 성충은 7월중순~9월하순에 출현한다. 유충은 땅속에서 4~5년을 경과한다. 수컷은 전형적으로 '맴맴맴' 하는 울음소리를 가지고 있으며 한 번 울 때마다 이동하는 습성을 가지고 있다.

분포_ 한국, 중국

035 털매미

Platypleura kaempferi (Fabricius)

매미과
Cicadidae

특징_ 몸길이 20~25mm, 날개 편 길이 35~40mm. 몸은 흑갈색이며 종종 흰가루가 뿌려져 있다. 가운데가슴등판은 광택이 나는 흑색이고 W자모양을 한 초록색 또는 적갈색 무늬가 선명하다. 앞날개는 광택이 나고 흑갈색 또는 적갈색 구름무늬가 불규칙하게 발달해 있고, 일반적으로 기부 근처에서 회황색 무늬가 발달하여 나무껍질과 조화를 이루며 보호색을 형성한다.

생태_ 도시 주변이나 산야에 흔하게 분포하고 있다. 성충은 8월중순에 가장 많이 발생한다. 약충은 땅속에서 버드나무, 미루나무 등 각종 활엽수의 뿌리를 가해한다. 성충은 때때로 사과나무 과실에 산란 피해를 주기도 한다. 수컷의 울음소리는 '쓰~' 또는 '찌~' 하고 연속음으로 이어지다가 한순간 조금 더 높은 연속음으로 바뀌면서 이어진다. 이와 같은 연속음의 높낮이가 한참씩 반복되며 끝날 무렵에는 '찌찌찌~' 소리를 낸다.

분포_ 한국, 일본, 타이완, 쿠릴열도, 말레이시아, 보르네오섬

끝검은말매미충 036

Bothrogonia japonica Ishihara

매 미 충 과
Cicadellidae

특징_ 몸길이 약 11~14mm. 매미충류 중에서 대형 종에 속한다. 몸색깔은 광택을 띤 황록색이다. 아랫면과 다리 기부는 검은색이다. 머리는 매우 작고 둥글게 튀어나왔으며 앞가슴판보다 훨씬 좁다. 정수리의 홑눈 사이, 앞이마 및 얼굴 중앙부에 각각 1개씩 흑색 점을 가진다. 앞가슴등판은 삼각형이며 3개의 점이 나 있다. 앞날개의 끝부분은 검은색 띠무늬가 있다.

생태_ 주로 낮은 산지나 초지에서 3~10월까지 흔하게 관찰된다. 성충으로 월동하고 봄, 여름에 수관(樹冠)에 서식하면서 각종 수목 및 과수의 즙액을 흡즙한다.

분포_ 한국, 중국, 일본

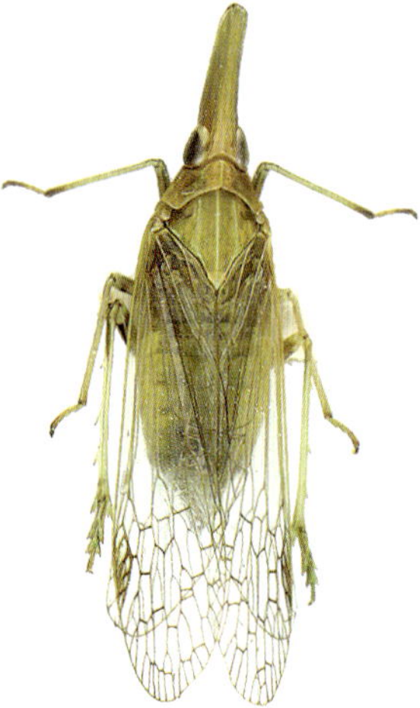

037 상투벌레

Dictyophara patruelis (Stal)

상투벌레과
Dictyopharidae

특징_ 몸길이 12~14mm. 몸은 담황색 또는 황록색이며 초록색 무늬가 산재하는데, 특히 살아있는 개체의 경우 초록색이 매우 강하다. 때로는 황갈색 줄무늬가 있는 개체도 있다. 머리는 앞가슴등판보다 훨씬 좁은 편이다. 정수리는 길고 중앙 종주선과 옆가장자리가 볼록하게 융기되었으며, 끝으로 갈수록 좁아진다. 정수리는 길게 나와 있어 상투모양이며 길이는 폭의 2~3배 정도이고 끝부분은 암갈색이다. 앞날개는 투명하며, 기부의 날개맥은 초록색 줄무늬를 갖는다. 후반부의 날개 맥과 날개무늬는 암갈색을 띤다. 뒷날개는 잘 발달하였고 투명하다.

생태_ 경작지 주변과 초원지대에서 발생한다. 뽕나무류, 귤나무 등에서 서식한다.

분포_ 한국, 중국(동북), 일본, 타이완

선녀벌레 038

Geisha distinctissima (Walker)

선녀벌레과
Flatidae

특징_ 몸길이 5mm, 날개 편 길이 10mm. 몸은 연한 황록색이나 초록색이며, 종종 몸의 표면에는 회백색 가루가 뿌려져 있는 경우도 있다. 머리는 앞가슴등판보다 훨씬 더 좁고, 정수리는 옆가장자리를 따라 융기되었다. 앞날개는 크고 넓게 삼각형으로 발달하였으며 담녹색으로 불투명하고 선단부 가장자리를 따라 붉은색 띠무늬가 발달되어 있다. 앞날개의 선단부 뒷모서리는 거의 직각을 이룬다. 뒷날개는 잘 발달하였고 녹색을 띤 백색으로 투명하다.

생태_ 남부 해안이나 도서 지역의 난대림, 경작지 주변 등에서 흔하게 발견된다. 연 1회 발생하며 성충은 7~8월경에 관찰된다. 주로 밤나무, 차나무, 배나무, 살구나무, 벚나무, 무화과, 나무딸기, 감귤나무 등에서 서식한다.

분포_ 한국, 중국, 일본, 동남아시아

039 물장군

Lethocerus deyrollei (Vuillefroy)

물 장 군 과
Belostomatidae

특징_ 몸길이 48~65mm. 우리나라 노린재 무리 중 가장 큰 것으로 알려져 있다. 몸은 갈색이며 머리는 비교적 작고, 더듬이는 겹눈 밑에 감추어져 있어 보이지 않는다. 앞다리는 포획다리로 끝에 발톱이 1개 나 있고, 가운뎃다리와 뒷다리는 헤엄다리로 종아리마디와 발톱마디에 긴 털이 나 있다. 꼬리 끝에는 신축성이 있는 짧은 호흡관이 발달되어 있다.

생태_ 기록에 의하면 성충은 5~9월에 출현하며, 늪이나 연못, 하천의 괸 물 등지에서 사는 것으로 알려져 있다. 작은 물고기나 올챙이, 개구리 등을 날카로운 발톱으로 잡아 체액을 빨아먹는다.

분포_ 한국, 중국, 일본, 타이완, 인도(아삼)

큰광대노린재 040

Poecilocoris splendidulus Esaki

광대노린재과
Scutelleridae

특징_ 몸길이 17~20mm. 화려한 금속광택을 띠는 아름다운 종으로 살아 있을 때는 보는 방향에 따라 반사색이 변한다. 몸의 등면에는 광택이 나는 금녹색 바탕에 홍보랏빛 또는 선홍색 광택이 영롱한 무지개빛 줄무늬를 가진다. 이와 같은 아름다운 광택은 죽은 표본에서는 현저히 퇴색한다. 외형상 광대노린재와 유사하지만 줄무늬가 더 넓고 크게 발달하였다. 또한 작은방패판의 기부에는 무늬가 없다. 선단부의 줄무늬는 山자모양을 이룬다.

생태_ 숲이나 들판에서 서식하며 식물의 즙액을 빨아먹는다. 등나무, 참나무, 식나무, 목련, 노린재나무 등을 기주로 한다.

분포_ 한국, 중국, 일본, 타이완

041 큰넓적노린재

Mezira scabrosa Scott

넓적노린재과
Aradidae

특징_ 몸길이 8.5~10mm. 몸은 갈색에 암갈색부가 섞여 있고, 머리는 앞쪽으로 돌출되어 있고, 그 위 끝은 얕게 갈라진다. 더듬이돌기는 예리하게 돌출되고, 겹눈은 작고, 그 뒤쪽에 바깥쪽으로 향하는 가시모양의 작은 돌기가 있다. 더듬이는 4마디이며 제1마디가 가장 굵다. 앞가슴등판의 옆가장자리는 중간부에서 약간 잘록하고, 그 앞쪽 반에는 불규칙한 융기 4개가 병렬한다. 작은방패판은 진한색이나 그 가운데 부분은 황갈색을 나타내는 개체가 있고, 그 위 끝은 작게 패였다. 반시초는 배끝에 미달된다. 막질부는 매우 크고, 결합판과 제6배마디 이하는 뚜렷하게 노출되고, 또 고리마디 사이의 경계부는 황갈색이다. 몸의 아랫면은 흑갈색을 띤다. 다리는 암갈색이며 넓적다리마디는 굵다.

생태_ 고목의 수간, 수피밑 등에 서식한다.

분포_ 한국, 일본

홍보라노린재 042

Carpocoris purpureipennis (de Geer)

노 린 재 과
Pentatomidae

특징_ 몸길이는 12~15mm. 몸 색깔은 암적갈색 또는 황갈자색이다. 머리의 양쪽은 흑색을 띤다. 더듬이는 5마디이며 제1마디는 연한 갈색, 제2마디 이하는 흑색이고, 제1마디가 가장 짧고 제3마디는 다음으로 짧다. 앞가슴등판의 옆모서리는 돌출하여 각을 이루고 검은색이며, 앞옆가장자리에는 점각이 없고 연한 색으로 보인다. 막질부는 배끝을 넘어 연장되어 있고 연한 갈색을 띠는데 앞가장자리 부분은 진한 색을 띤다. 몸의 아랫면은 연한 녹색 또는 연한 녹갈색을 띤다.

생태_ 성충은 5~8월에 채집기록이 있다.

분포_ 한국, 일본, 유럽

043 북쪽비단노린재

Eurydema gebleri Kolenati

노린재과
Pentatomidae

특징_ 몸길이 6~9mm. 몸은 암청색 또는 청남색 광택을 띤 검정색이며, 선홍색 또는 주홍색의 현저한 무늬를 가지고 있으며 몸 색깔에는 변이가 많다. 몸의 표면에는 미세한 검은 점각이 산재한다. 정수리의 앞과 옆가장자리는 주홍색이다. 더듬이는 제1마디가 청남색을 띤다. 앞가슴등판은 대개 가장자리 전체와 정중선에 주홍색 무늬가 Y자형으로 나타난다. 앞날개는 어깨가 앞가슴등판과 넓이가 같고 바깥가장자리에 주홍색 무늬가 있다. 막질부와의 경계부에 가로띠모양의 주황색 무늬가 특징적이다.

생태_ 경작지 주변이나 산야의 초원지대에 흔히 서식한다.

분포_ 한국, 중국, 러시아(시베리아)

북방풀노린재 044

Palomena angulosa (Motschulsky)

노 린 재 과
Pentatomidae

특징_ 몸길이 12~16mm. 몸의 등면은 광택성 진녹색을 띤다. 노숙한 성충은 현저하게 갈색을 띠는 경우도 있다. 앞가슴등판은 양 모서리가 폭이 넓게 돌출되어 있으며, 막질부는 옅은 갈색을 띤다. 다리는 녹색이며 때로는 갈색을 띠기도 한다.

생태_ 성충은 5~9월까지 출현하는데 주로 산지에 많이 나타나며 잡초 또는 관목 위에서 생활하는 경우가 많다.

분포_ 한국, 중국, 일본, 러시아(사할린)

045 대왕노린재

Pentatoma parametallifera Zheng et Li

노 린 재 과
Pentatomidae

특징_ 몸길이 23~25mm. 몸 색깔은 선명한 녹색이며 검은색 점이 많다. 왕노린재와 달리 어깨와 배의 뿔돌기가 훨씬 더 크고 길게 발달하였다. 앞가슴등판의 양 어깨는 현저히 크고 길게 돌출하였고 등쪽으로 활처럼 휘어졌다. 어깨의 앞부분은 가장자리를 따라 톱니 모양의 돌기를 가진다. 앞날개의 막질부는 연갈색이며 투명하다.
생태_ 산림지대에서 발견된다. 오갈피나무, 층층나무 등에 붙어서 나무열매 즙액을 빨아먹는다.
분포_ 한국, 일본, 러시아(시베리아)

얼룩대장노린재 046

Placosternum esakii Miyamoto

노 린 재 과
Pentatomidae

특징_ 몸길이 20~22.5mm. 몸은 넓적한 타원형으로 쟁반모양이고 회갈색 또는 회황색 바탕에 연두빛을 띠며, 흑갈색 또는 검정색의 불규칙한 얼룩무늬를 가진다. 더듬이는 회황색과 검정색 무늬가 섞여 있어 알록달록하다. 앞가슴등판은 양 어깨가 넓고 뭉툭하게 직선적으로 돌출하였다. 돌기의 끝은 물결모양으로 굴곡을 이룬다. 앞부분에 4개의 황갈색 점무늬가 가로로 배열한다. 배의 등면은 붉고 가장자리는 폭이 매우 넓고 앞날개의 바깥으로 둥글게 원을 이루며 확장되었고, 각 마디마다 검은 무늬가 불규칙하게 발달되어 있다.

생태_ 산야의 산림지대에 드물게 서식한다. 참나무류에서 발견되며, 수간의 나무껍질에 붙어 있는 지의류와 구별하기 힘들 정도로 보호색을 지닌다.

분포_ 한국, 일본

047 녹색가위뿔노린재

Acanthosoma forficula Jakovlev

뿔노린재과
Acanthosomatidae

특징_ 몸길이는 14~16mm. 몸은 선녹색이고 죽은 뒤에는 암색으로 변한다. 흑색의 작은 점각이 많다. 머리는 약간 황색을 띠고 점각은 적다. 더듬이는 길고 대개 연한 갈색이다. 앞가슴등판의 전반은 황색을 띠는 개체도 있다. 앞옆가장자리는 약간 만입하고, 옆모서리는 약간 돌출하였으나 뚜렷하지 않다. 약간 적색을 띠고 있다. 작은 방패판의 선단이 연한 색인 개체도 있다. 막질부는 연한 갈색을 띠나 투명하고, 배의 등판은 뚜렷한 적색을 띠며, 또 결합판의 뒷가장자리는 흑색이다.

생태_ 오갈피나무, 푼지나무, 층층나무 등에서 채집된다.

분포_ 한국, 일본

에사키뿔노린재 048

Sastragala esakii Hasegawa

뿔노린재과
Acanthosomatidae

특징_ 몸길이 10~12.5mm. 수컷이 암컷보다 다소 작은 편이다. 몸은 황록색 바탕에 초록색 및 적갈색 무늬를 가진다. 등면에는 미세한 검은 점각들이 산재한다. 앞가슴등판은 양 옆이 세모꼴로 돌출하였으며, 돌기의 끝은 검다. 양 돌기 사이는 가로로 능선을 이루고 후반부는 적갈색을 띤다. 작은방패판은 가운데에 하트모양의 회황색 또는 노란색의 독특한 무늬를 가지며, 그 주변은 암갈색을 띤다. 앞날개는 혁질부의 앞가장자리가 초록색을 띠고, 나머지 전체는 암갈색이다.

생태_ 성충은 5~9월에 출현한다. 약충들은 층층나무, 말채나무, 검양옻나무 등에서 집단적으로 모여서 흡즙한다.

분포_ 한국, 중국, 일본, 러시아, 타이완

049 알노린재

Coptosoma bifarium Montandon

알노린재과
Plataspididae

특징_ 몸길이 3.5~4.5mm. 몸은 등면이 광택이 있는 칠흑색이다. 머리는 흑색이며 작고 가는 점각이 발달되어 있다. 더듬이는 흑갈색을 띤다. 머리모양은 암수에 따라 다르다. 앞가슴등판과 작은방패판은 광택이 있는 칠흑색이며 작고 가는 점각이 조밀하게 분포해 있다. 앞가슴등판의 옆가장자리 전반부는 황색이고, 작은방패판은 배 전체를 덮는다. 기부에는 초승달모양의 구획이 있고, 그 양쪽에 작은 황색 무늬가 있다.

생태_ 성충은 6~9월까지 출현하며 콩과식물에 무리를 지어 생활한다.

분포_ 한국, 중국

장수허리노린재 050

Anoplocnemis dallasi Kiritshenko

허리노린재과
Coreidae

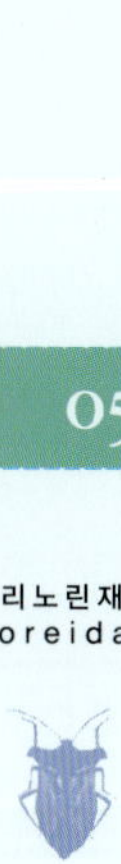

특징_ 몸길이 18.5~24mm. 몸은 전체적으로 흑갈색, 암갈색 또는 개체에 따라 갈색을 띠며, 광택이 없다. 체표면에 미세한 황갈색의 부드럽고 짧은 털이 산재한다. 앞가슴등판은 사다리꼴이고 옆가장자리의 뒷모서리가 세모꼴로 돌출하였다. 작은방패판은 정삼각형이다. 배마디의 옆가장자리는 좁게 확장되어서 앞날개의 바깥가장자리 밖으로 약간 돌출하였다. 뒷다리의 허벅마디는 특히 굵다.

생태_ 도시나 공원지역에 식재된 족제비싸리의 새순을 가해하는 것을 흔히 볼 수가 있다. 성충은 8~9월까지 출현하며 기주식물은 족제비싸리, 개싸리 등 콩과식물 등이며 주로 새싹을 먹는다.

분포_ 한국, 중국(동북)

051 큰허리노린재

Melypteryx fuliginosa (Uhler)

허리노린재과
Coreidae

특징_ 몸길이 20.5~24.5mm. 대형종이며 수컷에 비해 암컷이 더 크다. 몸은 전체가 암갈색이며, 광택은 없다. 몸의 표면에 미세한 황갈색의 부드럽고 짧은 털이 산재한다. 더듬이는 제1마디가 제일 길고 굵다. 앞가슴등판은 양 어깨가 나뭇잎모양으로 넓적하게 돌출하여 발달되어 있고 약간 위쪽으로 휘어져 있는데 그 가장자리는 톱니모양의 돌기를 가진다. 작은방패판은 정삼각형이다. 배마디의 옆가장자리는 넓고 둥글게 확장되어서 앞날개의 바깥가장자리 밖으로 돌출한다.

생태_ 산야의 초원지대에서 흔히 서식하며, 엉겅퀴, 양지꽃, 머위 등에 모인다. 성충은 5~10월까지 출현한다.

분포_ 한국, 중국, 일본

톱다리개미허리노린재 052

Riptortus clavatus (Thunberg)

호리허리노린재과
Alydidae

특징_ 몸길이 13.5~27.5mm. 몸 색깔은 적갈색 또는 흑갈색이고 변이가 심하다. 더듬이는 황갈색을 띤다. 앞가슴등판은 사다리꼴이고 옆가장자리의 뒷모서리가 세모꼴로 뾰족하게 돌출하였다. 배마디의 기부는 가늘고 옆가장자리는 좁고 완만하게 확장되었다. 노란색 줄무늬가 있다. 뒷다리의 허벅마디는 원통형이고, 뒷가장자리에는 뾰족한 가시돌기가 있다. 성충은 날아갈 때 마치 벌처럼 생겼으며, 약충은 개미모양으로 전형적인 의태를 보여준다.

생태_ 주로 산과 들의 잡초 등에서 관찰되며 성충은 5~10월까지 출현한다. 콩과 식물의 즙액을 빨아먹으며 종종 벼, 피, 조 등의 벼과식물에 피해를 주기도 한다.

분포_ 한국, 중국, 일본, 타이완

053 갈구리나비

Anthocharis scolymus Butler

흰나비과
Pieridae

특징_ 날개 편 길이 36~48mm. 날개의 바탕색은 흰색이며 앞날개 끝은 갈고리모양으로 구부러져 있으며, 끝부분은 노란색 무늬가 발달해 있으나, 암컷은 미미하다.

생태_ 4월말~6월경에 걸쳐 연 1회 발생한다. 주로 비경작지인 논, 밭 등을 비롯하여 사찰 주변 계곡의 숲 주변 지역을 따라 서식한다. 암수 모두 민들레, 나무딸기, 장대나물의 꽃을 찾아 빠르게 날아다닌다. 암컷은 기주식물의 꽃봉오리 위에 낱개로 산란한다. 애벌레는 기주식물인 개갓냉이, 털장대, 갯장대 등의 꽃, 열매, 새 잎을 먹고 6~7월경에 번데기가 된다.

분포_ 한국, 중국, 일본, 러시아(극동, 시베리아)

상제나비 054

Aporia crataegi (Linnaeus)

흰나비과
Pieridae

특징_ 날개 편 길이 70~84mm. 앞, 뒷날개 모두 흰색을 띠는데 전반적으로 발달된 무늬는 없다. 시맥과 날개 테두리를 따라서는 흑갈색을 띤다. 수컷의 더듬이는 끝쪽만 황색을 띠지만 암컷은 절반가량이 황색이다. 최근 그 개체수가 줄어들고 있는 희귀종이다.

생태_ 5월중순~6월초에 걸쳐 연 1회 발생한다. 암수 모두 엉겅퀴, 조뱅이, 토끼풀 등의 꽃에서 흡밀한다. 애벌레는 배나무, 사과나무 등의 잎을 먹고살며 애벌레 상태로 월동한다. 최근에는 거의 채집되지 않고 있는 종이다.

분포_ 한국, 중국(동북), 일본, 러시아(극동), 유럽

055 큰줄흰나비

Artogeia melete (Ménétriés)

흰나비과
Pieridae

특징_ 날개 편 길이 60mm. 일반적으로 날개는 전반적으로 흰색을 띠는데 앞날개의 끝부분를 비롯하여 시맥을 따라 흑색을 띠는 특징이 있다. 봄형은 여름형에 비해 일반적으로 크기가 작고 날개 윗면 검정색 무늬 발달도 약하나 아랫면은 반대로 시맥을 따라 검정색 비늘이 발달한다.

생태_ 봄형은 4월말~6월, 여름형은 6~10월에 걸쳐 연 3~4회 발생한다. 일반적으로 산지의 숲가장자리나 계곡 주변의 초지, 인가 주변에 서식한다. 수컷은 주로 습지에서 흡수하며, 암수 모두 미나리냉이, 엉겅퀴, 꿀풀, 큰까치수영, 나무딸기 등 여러 꽃에서 흡밀한다. 애벌레는 무, 배추, 양배추, 순무, 고추냉이 등을 먹고살며 번데기 상태로 월동한다.

분포_ 한국, 중국(동북), 일본, 러시아(극동)

배추흰나비 056

Artogeia rapae (Linnaeus)

흰나비과
Pieridae

특징_ 날개 편 길이 38~54mm. 앞날개는 대개 흰 바탕을 띠며 연한 황색을 띠는 경우가 많으며, 날개 끝에는 흑색 무늬가 있다. 배추흰나비의 무늬는 근연종인 대만흰나비와 모양이나 크기가 매우 유사한데 앞날개 시정에 있는 무늬가 날개 안쪽으로 비교적 굴곡이 없이 매끈한 것으로 구분할 수 있다.

생태_ 연 3~4회 발생하며 번데기로 월동한다. 배추, 무, 양배추 등 십자화과 작물을 가해하는 해충이다. 주로 무, 개망초, 산비장이, 엉겅퀴 등 여러 꽃에서 흡밀한다.

분포_ 한국, 중국, 일본, 타이완, 러시아(극동), 유럽, 호주, 뉴질랜드, 북미

057 노랑나비

Colias erate (Esper)

흰나비과
Pieridae

특징_ 날개 편 길이 수컷 38~64mm, 암컷 48~66mm. 일반적으로 날개 바탕색은 노란색이며 앞날개 중앙부에는 뚜렷한 흑색 점무늬가 있다. 날개 끝부분에는 흑색 테두리가 뚜렷하다. 수컷은 날개 윗면이 황색이지만, 암컷의 경우 날개 바탕색이 노란색인 황색형과 흰색인 백색형으로 구분된다.

생태_ 매우 흔한 나비 중 하나로 전국 어디에서든지 가장 흔하게 관찰된다. 3월말~10월에 걸쳐 연 3~4회 발생한다. 애벌레는 낭아초, 개자리, 완두 등의 잎을 먹고산다. 암수 모두 개망초, 토끼풀, 엉겅퀴 등의 꽃에서 흡밀한다.

분포_ 한국, 중국, 일본, 타이완, 러시아(극동)

멧노랑나비 058

Gonepteryx rhamni (Linnaeus)

흰나비과
Pieridae

특징_ 날개 편 길이 58~72mm. 날개는 수컷의 경우 진노란색을 띠며 날개 끝 부위가 뾰족하게 발달되어 있는데 암컷은 다소 옅은 빛을 보인다. 앞, 뒷날개의 중간에는 주황색 작은 점이 나 있다.

생태_산지의 초지 지역이나 잡목림 숲 주변에 햇볕이 잘 드는 장소에 서식한다. 연 1회 발생하며 성충은 7~8월에 출현한다. 암수 모두 둥근쥐손이풀, 엉겅퀴, 개망초 등의 꽃에서 흡밀한다. 애벌레는 참갈매나무의 잎을 먹고산다.

분포_ 한국, 중국(북부), 일본, 러시아(아무르), 유럽

059 기생나비

Leptidea amurensis (Ménétriés)

흰나비과
Pieridae

특징_ 날개 편 길이 42~56mm. 암컷은 날개의 형태가 둥글어 보이며 수컷은 날개 윗면의 날개끝 흑색 무늬가 짙어 보인다. 날개는 흰색을 띠며 끝에 검은색 무늬가 있는데 암컷보다 수컷의 색이 더 짙고 암수 모두 여름형이 봄형에 비하여 이 무늬가 훨씬 발달되어 있다. 이 종은 북방기생나비와 유사하나 암수 모두 날개모양이 뾰족한 점으로 구별된다.

생태_ 봄형은 4월말~5월, 여름형은 6월말~7월, 8월말~9월에 걸쳐 연 3회 발생한다. 대개 낮은 산지나 논밭 주변에 서식한다. 보통 여름과 가을보다 봄에 더 많은 편이다. 수컷의 경우는 습지에 모이고, 꿀풀, 타래난초 등의 꽃에서 꿀을 먹는다. 애벌레는 콩과식물인 갈퀴나물의 어린잎을 먹고산다.

분포_ 한국, 중국, 일본, 러시아(극동), 알타이

애호랑나비 060

Luehdorfia puziloi (Erschoff)

호랑나비과
Papilionidae

특징_ 날개 편 길이 54~66mm. 앞날개의 바깥 부분을 따라 노란색 띠무늬가 발달되어 있다. 날개 기부에 긴 털이 나 있고, 뒷날개 후각에 붉은 무늬가 있는 것이 특징이다. 미상돌기는 다소 발달해 있다.

생태_ 애벌레로 월동한 후 성충은 이른 봄인 4월경 출현한다. 연 1회 발생한다. 낮은 산지의 계곡, 숲가장자리에서 활동하며, 진달래, 얼레지, 제비꽃의 꿀을 빤다. 교미를 끝낸 암컷은 4월말~5월초순경 기주식물의 잎 뒷면에 6~15개 가량 알을 산란한다.

분포_ 한국, 중국(동북), 일본, 러시아(동시베리아)

061 제비나비

Papilio bianor Cramer

호랑나비과
Papilionidae

특징_ 날개 편 길이 40~73mm. 몸과 날개가 검은색이며 푸른빛의 비늘가루가 날개의 윗면에 뿌려져 있다. 산제비나비와 유사하나, 성표와 뒷날개 아랫면 외연에 있는 반달무늬가 작고, 앞날개 아랫면의 흰색 띠가 날개 후연에서 위로 올라갈수록 넓어진다. 뒷날개 아랫면의 외연을 따라 흰띠가 없는 점 등으로 구별된다.

생태_ 성충의 경우 연 2~3회 발생하는데 봄형은 4~6월, 여름형은 7~8월에 걸쳐 출현한다. 전국적으로 산지의 계곡 주위에 서식한다. 산지의 달맞이꽃, 엉겅퀴 등 다양한 꽃에서 흡밀하는 것으로 알려져 있다. 번데기로 월동한다.

분포_ 한국, 중국, 일본, 타이완, 러시아(극동), 인도, 미얀마, 히말라야

호랑나비 062

Papilio xuthus Linnaeus

호랑나비과
Papilionidae

특징_ 날개 편 길이 70~75mm. 봄형과 여름형이 있다. 암컷이 수컷에 비해 좀 더 크다. 날개는 진노랑색 바탕에 검은색 띠무늬가 날개 가장자리를 따라 발달하여 있다. 기부에도 검은색 무늬가 있으며 전연을 따라 몇 개의 검은색 무늬가 나 있다.

생태_ 연 3회 발생한다. 1화기 성충이 4월중순~5월하순에, 2화기 성충은 6월초순~7월하순, 3화기 성충은 8월하순~10월상순에 나타난다. 월동한 번데기에서 우화한 봄형은 여름형에 비해 작고 무늬가 선명하다. 제2화 및 그 이후의 것은 여름형이 된다. 유충은 기주식물인 귤나무, 좀피나무, 산초나무, 황벽나무 등의 잎을 식해하며, 피해가 심할 때는 앙상한 가지만 남는다. 대개 고추나무, 엉겅퀴, 누리장나무, 백일홍 등 여러 꽃에서 꿀을 빤다.

분포_ 한국, 중국, 타이완, 일본, 러시아(극동)

063 모시나비

Parnassius stubbendorfii Ménétriés

호랑나비과
Papilionidae

특징_ 날개 편 길이 수컷 50~66mm, 암컷 54~76mm. 앞·뒷날개 모두 날개가루가 적고 백색으로 투명하다. 뒷날개는 기부로부터 안쪽을 따라 검정색을 띠며 이 부분에는 회백색의 짧은 털이 나 있다. 모시나비는 날개가 반투명한 모시 같아서 유래된 이름이다.

생태_ 연 1회 발생하며 성충은 5월에 주로 관찰된다. 산지의 숲가장자리 초지나 경작지에 서식한다. 풀 위를 낮게 날아다니다가 엉겅퀴, 자운영, 토끼풀, 기린초, 나무딸기 등의 꽃에서 흡밀하며, 날이 흐리거나 비가 조금 내려도 날아다닌다. 암컷은 5월말경 서식지 주변의 풀잎 위나 낙엽, 작은 돌 위에 1개씩 산란한다. 애벌레는 왜현호색, 산괴불주머니 등을 먹고산다.

분포_ 한국, 중국, 일본

꼬리명주나비 064

Sericinus montela Gray

호랑나비과
Papilionidae

특징_ 날개 편 길이 50~72mm. 뒷날개 꼬리가 가늘고 길다. 날개의 무늬는 변이가 심하다. 수컷은 노랑 바탕에 검은 무늬가 있으나, 암컷은 흑갈색 바탕에 담황색 무늬가 있다.

생태_ 서식지 주변에서 낮게 날아다니며 얇은잎고광나무 등의 꽃을 찾아 흡밀하는 경우가 많다. 주로 논과 밭 주변 또는 야산의 초지에 서식하는 것으로 알려져 있다. 암컷은 기주식물의 줄기나 잎 뒷면에 5~60개의 알을 한꺼번에 산란한다. 애벌레는 쥐방울덩굴을 먹고산다.

분포_ 한국, 중국, 러시아(극동)

065 번개오색나비

Apatura iris (Linnaeus)

네발나비과
Nymphalidae

특징_ 날개 편 길이 수컷 32~40mm, 암컷 36~44mm. 외형상 오색나비와 유사하지만 앞날개의 앞면에 있는 흰무늬가 약간 작고, 뒷날개의 흰띠가 중실부분에서 뾰족하게 돌출한 모양으로 구분할 수 있다. 날개 뒷면이 무늬가 뚜렷하며 진한 적갈색을 띠는 것이 특징이다.

생태_ 연 1회 발생하며 성충은 6~8월에 출현한다. 지리산 이북 700m 이상의 높은 산지에 서식하며, 개체수도 많은 편이다. 습지에 잘 모여 흡수하는데 오색나비나 황오색나비와 달리 수컷은 산 정상의 나무 끝에서 강하게 점유행동을 한다.

분포_ 한국, 중국, 일본, 러시아(극동), 유럽

황오색나비 066

Apatura metis Freyer

네 발 나 비 과
Nymphalidae

특징_ 날개 편 길이 70~80mm. 암컷은 검정색 부분의 색이 연하고 파랗게 빛나지 않는다. 수컷의 윗면 바탕색은 검은색을 띠며 빛에 반사되면 푸른빛이 나타난다. 가운데 부분에는 주황색의 띠가 발달되어 있으며 날개선을 따라서 갈색 무늬가 나 있다.

생태_ 연 1~3회 발생하며 성충은 6~10월경에 관찰된다. 버드나무가 많은 곳에 쉽게 발견되며 흔하게 관찰되는 나비로 간혹 도심의 거리를 나는 경우도 있다. 암수 모두 버드나무나 참나무의 진에 잘 모이나 길가의 습지에는 수컷이 즐겨 모인다. 기주식물은 갯버들, 호랑버들, 졸참나무 등이 알려져 있다.

분포_ 한국, 중국, 일본, 타이완, 러시아(극동), 유럽

067 암끝검은표범나비

Argyreus hyperbius (Linnaeus)

네발나비과
Nymphalidae

특징_ 날개 편 길이 70~90mm. 암컷의 날개 끝부분인 검은색을 띤다. 암수가 서로 모양이 다르다. 수컷은 날개가 귤빛 바탕에 검은색 점무늬가 산재해 있으며 앞날개의 아랫면은 연한 초록색을 띤다. 암컷의 앞날개 끝부분은 절반 정도가 어두운 검은색을 띠며 흰색의 띠무늬가 있다.

생태_ 주로 저지대의 밭 주변 초지, 시가지 내의 공토에서 서식한다. 다른 대형 표범나비와 달리 수컷은 가끔 산 정상에서 점유행동을 하며, 엉겅퀴나 큰까치수영 등 각종 꽃에서 흡밀한다. 1년에 4~5회 발생하며 유충은 제비꽃류를 먹고산다.

분포_ 한국, 중국, 일본, 타이완, 동양구, 호주 등 전 세계

작은멋쟁이나비 068

Cyntia cardui (Linnaeus)

네발나비과
Nymphalidae

특징_ 날개 편 길이 40~50mm. 날개에는 짙은 노란색 바탕에 검은색의 무늬가 있으며 앞날개의 끝부분은 검은색으로 몇 개의 흰 무늬가 그 안에 있다. 무늬에 의한 암수 구별은 어려우나 배끝 모양으로 가능하다.

생태_ 전 세계에 분포하는 대표적인 나비로 밝은 초원이나 길, 시가지, 제방 주변에 서식하며, 서식지 주위를 빠르게 날아다니는데 가을에 많이 볼 수 있다. 토끼풀, 국화, 엉겅퀴, 가시여뀌, 코스모스 등의 꽃에서 흡밀한다. 기후에 따라 출현시기와 횟수가 달라서 온도가 높은 지역에서는 연중 짝짓기가 이루어져 특별한 출현시기가 없다고 한다. 유충은 우엉, 쐐기풀, 엉겅퀴 등을 기주식물로 한다.

분포_ 한국, 중국, 일본, 러시아(극동) 등 전 세계

069 유리창나비

Dilipa fenestra (Leech)

네발나비과
Nymphalidae

특징_ 날개 편 길이 32~35mm. 날개는 주황갈색 바탕에 검정무늬가 발달하여 있는데 앞날개에는 날개 끝과 중앙 그리고 아랫부분에 있으며, 뒷날개에는 바깥 주변부를 따라 줄지어 있다. 수컷은 날개 윗면의 바탕색이 황색이나 암컷은 흑갈색이다. 암수 모두 날개 끝에 투명한 막질의 무늬가 있는데, 마치 유리창모양 같아서 붙여진 이름이다.

생태_ 연 1회 발생하며 성충은 대개 4월초~6월까지도 관찰된다. 낮은 산지의 계곡, 개울가, 임도의 숲가장자리에 서식한다. 수컷은 축축한 개울가의 습지나 가느다란 억새풀 위에서 날개를 펴고 점유행동을 하는 일이 많다. 암컷은 수컷과 달리 흐르는 냇가에서 흡수한다. 암수 모두 단풍나무의 수액을 먹는 경우가 많다. 유충은 풍게나무, 팽나무를 먹으며 번데기로 월동한다.

분포_ 한국, 중국, 러시아(극동)

왕은점표범나비 070

Fabriciana nerippe (C. et R. Felder)

네 발 나 비 과
Nymphalidae

특징_ 날개 편 길이 32~44mm. 은점표범나비와 유사하나, 뒷날개 윗면 아외연에 줄지어 있는 검은 줄무늬와 뒷날개 아랫면 아외연에 줄지어 있는 은빛무늬 줄의 안쪽 중앙이 패여 M모양을 하고 있는데 은점표범나비는 둥근 점으로 구별된다.

생태_ 주로 낮은 산지의 양지바른 초지나 숲가장자리에서 서식한다. 암수 모두 엉겅퀴, 개망초, 코스모스 등의 꽃에서 흡밀한다. 나는 힘이 매우 힘차지만 가을에는 행동이 다소 느려진다. 하면을 하고 가을에 다시 활동하는 것을 볼 수 있다. 유충은 제비꽃류를 먹고 사는데 1령유충으로 월동한다.

분포_ 한국, 중국, 일본, 러시아(극동)

071 홍점알락나비

Hestina assimilis (Linnaeus)

네발나비과
Nymphalidae

특징_ 날개 편 길이 70~85mm. 계절적 변이가 현저하며 봄형은 보통 크고 황록색을 띠며, 여름형은 백색을 띤다. 암컷의 경우 날개 너비가 넓은 편이고 검은 무늬가 있는 부분이 수컷에 비해 발달하지 않았다.

생태_ 연 2회 발생한다. 성충은 봄형이 5월하순~6월중순, 여름형은 8월중순~9월중순에 나타난다. 숲가장자리나 산길 등에 서식한다. 기주식물의 줄기나 가지 또는 잎에 1개씩 산란한다. 유충은 잎의 주위를 불규칙하게 식해하는데 단단한 잎은 엽맥을 남기고 가해한다.

분포_ 한국, 중국, 일본, 타이완

은판나비 072

Mimathyma schrenckii (Ménétriès)

네발나비과
Nymphalidae

특징_ 날개 편 길이 38~54mm. 날개는 흑갈색이며 앞날개의 중앙과 시정부위에 흰색 띠무늬가 있으며 뒷날개에는 중앙부에 뚜렷한 흰색 타원형무늬가 특징적이다. 수컷은 암컷보다 작고 날개 윗면 검정 바탕색이 훨씬 진하다. 뒷날개 중앙의 흰 무늬는 수컷이 암컷보다 크다.

생태_ 연 1회 발생하며 성충은 6~8월에 관찰된다. 수컷은 오전 중에 임도의 습지, 오물 등에 잘 모이며, 오후가 되면 암컷을 찾아 나무 사이를 빠르게 날아다닌다. 암컷은 주로 오후에 활동하는데 느릅나무 진에 모이거나 간혹 땅 위에 앉는 경우도 있다. 유충은 느티나무, 느릅나무 등의 잎을 먹고살며 3령충으로 월동한다.

분포_ 한국, 중국(동북), 러시아(극동)

073 별박이세줄나비

Neptis pryeri Butler

네발나비과
Nymphalidae

특징_ 날개 편 길이 22~33mm. 날개의 바탕색은 검고 앞·뒷날개에 걸쳐 3개의 흰 줄무늬가 있다. 앞날개 윗면의 기부에서 나온 흰 띠가 5개의 토막으로 나뉘어져 있고, 뒷날개 아랫면 기부에 10개 정도의 검은 점이 있는 것으로 다른 세줄나비와 쉽게 구별된다.

생태_ 연 2회 발생하며 성충은 5월하순~6월중순, 7월하순~10월조순에 관찰된다. 숲가장자리 양지바른 곳이나 관목림을 천천히 날아다닌다. 산초나무, 조팝나무의 꽃에서 흡밀하는 일이 많으나 습지에서 흡수하는 일은 드물다.

분포_ 한국, 중국, 일본, 타이완, 러시아(극동)

두줄나비 074

Neptis rivularis (Scopoli)

네 발 나 비 과
Nymphalidae

특징_ 앞날개의 길이는 22~30mm. 줄나비 종류 중에서는 소형으로 뒷날개에 흰띠가 하나밖에 없으므로 다른 외형적으로 유사한 세줄나비와 쉽게 구별된다.

생태_ 낮은 산지의 초지가 주요 서식지인 것으로 보인다. 숲가장자리를 천천히 활강하다가 홰를 치면서 날아다닌다. 성충은 5~8월까지 관찰된다. 기주식물인 조팝나무 주위를 맴도는 경우가 많으며, 그 곳을 멀리 벗어나는 일은 별로 없다. 조팝나무의 꽃에서 흡밀하고 습지와 새똥에 모이는 일도 있다.

분포_ 한국, 중국(북부), 일본, 러시아(사할린), 중앙아시아, 몽골

075 애기세줄나비

Neptis sappho (Pallas)

네발나비과
Nymphalidae

특징_ 날개 편 길이 수컷 20~29mm, 암컷 24~29mm. 앞·뒷날개는 검은색 바탕에 흰색 줄무늬가 3개 있으며 뒷면 바탕색은 다갈색이다. 수컷은 뒷날개 윗면의 전연부에 광택이 있는 회백색 성표가 있다.

생태_ 연 1~3회 발생하며 유충은 등나무, 아까시나무, 싸리나무, 칡 등을 먹고산다. 종령유충으로 월동하며 산지의 계곡이나 숲가장자리에 서식한다. 날 때는 천천히 활강하다가 날갯짓을 반복한다. 수컷은 약하게나마 점유행동을 하며, 계곡에서 수컷끼리 어우러져 날 때가 많다.

분포_ 한국, 중국, 일본, 러시아(극동), 타이완, 구북구 전역

네발나비 076

Polygonia c-aureum (Linnaeus)

네 발 나 비 과
Nymphalidae

특징_ 날개 편 길이 45~55mm. 암황갈색 바탕색에 흑갈색 무늬가 발달되어 있는데 여름형은 윗면이 황갈색에 검은색 점무늬가 있으며, 아랫면은 연한 황갈색 바탕에 갈색의 가는 줄무늬가 있으나, 가을형은 윗면이 붉은색이 돌고 아랫면은 짙은 적갈색이다.

생태_ 매우 흔한 종이다. 여름형과 가을형은 날개의 색이나 모양에서 차이가 관찰된다. 여름형은 주로 나무진에 모여들며, 가을형은 구절초, 산국 등의 꽃에서 꿀을 빤다. 여름형은 6~8월에, 가을형은 다음해 5월에 출현하며, 중부지방의 경우 2~3회, 남부지방에서는 3~4회 발생하는 것으로 알려져 있다.

분포_ 한국, 중국, 일본, 타이완, 인도 북부

077 왕오색나비

Sasakia charonda (Hewitson)

네발나비과
Nymphalidae

특징_ 날개 편 길이 수컷 47~52mm, 암컷 52~61mm. 날개는 흑갈색 바탕에 흰 무늬와 노란색의 작은 무늬가 많이 있는데 수컷의 경우 바깥쪽 이외에는 보랏빛이 나는 것이 특징이다. 암컷은 수컷보다 크다.

생태_ 연 1회 발생하며 성충은 6월하순~7월하순에 관찰된다. 최근에는 개체수가 많이 줄었으나 서식지 주변의 축축한 습지, 참나무의 진, 새의 배설물 등을 찾으면 어렵지 않게 볼 수 있다. 대형의 나비로 날 때는 힘차게 나무 사이를 선회하는 경우가 많다. 수컷은 오후에 산 정상에서 점유행동을 한다.

분포_ 한국, 중국, 일본, 타이완

대왕나비 078

Sephisa princeps (Fixsen)

네발나비과
Nymphalidae

특징_ 날개 편 길이 수컷 34~40mm, 암컷 38~47mm. 보통 수컷은 암컷에 비해 몸의 크기가 작은 편이며 날개는 검은색 바탕에 적등색 무늬가 발달해 있다. 암컷의 경우 검은색 바탕에 백색 무늬가 나 있다.

생태_ 성충은 6~8월에 관찰되며 참나무가 많은 숲가장자리에 서식한다. 수컷은 물가의 축축한 곳에 잘 모이는데, 밝은 곳을 선택하는 반면 암컷은 약간 그늘진 곳에 모이는 경향을 보인다. 또한 수컷은 산 능선이나 정상의 넓게 트인 나뭇잎 위에서 점유행동을 보이는 경우가 많으나, 암컷은 참나무의 진에 잘 모인다.

분포_ 한국, 중국(동북), 러시아(극동)

079 산굴뚝나비

Eumenis autonoe (Esper)

뱀눈나비과
Satyridae

특징_ 날개 편 길이 47mm. 날개는 흑갈색을 띤다. 날개 중앙에서 바깥쪽으로는 회백색 넓은 띠무늬가 형성되어 있으며 그 무늬의 중심부의 위쪽과 아래쪽에 각각 1개씩 작은 흑색 무늬가 있는데 그 가운데 부분은 흰색을 띤다. 암컷은 수컷보다 크고 날개 색깔이 다소 옅다. 남한에서는 유일하게 제주도에 분포하는 종이다.

생태_ 7~8월에 걸쳐 연 1회 발생한다. 마타리, 엉겅퀴, 꿀풀, 솔체꽃, 쉬땅나무 등의 꽃을 찾아 꿀을 빨고, 이외에는 대부분 양지바른 곳의 관목 위를 중심으로 쉴 새 없이 낮게 날아다닌다. 기주식물은 벼과식물로 알려져 있다.

분포_ 한국, 중국, 일본, 러시아(극동), 유럽

굴뚝나비 080

Minois dryas (Scopoli)

뱀눈나비과
Satyridae

특징_ 날개 편 길이 수컷 25~34mm, 암컷 30~39mm. 날개는 흑갈색을 띠며 앞날개 2개, 뒷날개에는 1개의 눈알모양 흑색 점무늬가 있는데 그 가운데 부분은 청백색을 띤다. 암컷은 수컷에 비해 크고 날개의 윗면 바탕색이 연한 다갈색이며 눈알모양무늬도 크다.

생태_ 연 1회 발생하며 성충은 7~8월에 나타난다. 주로 초지에 서식하며 풀 사이를 낮게 날아다니다가 금방망이 등의 꽃에서 흡밀하는데, 강한 햇빛에 오랫동안 노출될 때에는 햇빛에 수직으로 날개를 접는다. 대체로 산굴뚝나비보다 활동력이 강하다. 기주식물은 억새, 포아풀 등이며 노숙유충으로 월동한다.

분포_ 한국, 중국, 일본, 타이완, 러시아(극동), 유럽

081 뿔나비

Libythea celtis Fuessly

뿔나비과
Libytheidae

특징_ 날개 편 길이 20~24mm. 앞날개의 중앙에는 주황색 무늬가 특징적인데 암컷은 수컷보다 날개 윗면 주황색 무늬가 크고, 앞날개 제1실과 뒷날개 제6실에 작은 점무늬가 나타난다. 수컷에서 나티나는 경우도 있다. 뒷날개 아랫면 중맥 상에 검은 줄무늬가 돋보인다.

생태_ 주로 7~8월경 무더울 때는 하면을 하고, 가을에 다시 활동하다가 그대로 월동한다. 산지의 활엽수가 많은 곳에 서식한다. 썩은 과일이나 동물 사체에도 모이는 편이나, 월동 전후에는 꽃에서 흡밀하는 경우도 있다. 매우 흔한 종으로 성충은 초봄부터 늦가을까지 관찰된다.

분포_ 한국, 중국, 일본, 타이완, 러시아, 유럽

왕나비 082

Parantica sita (Kollar)

왕 나 비 과
Danaidae

특징_ 날개 편 길이 90~100mm. 날개의 크기가 매우 큰 대형종이다. 수컷은 뒷날개 내연각에 성표인 검은색 무늬가 있으나 암컷은 없다. 암컷은 털이 적다. 암컷은 날개 윗면의 적등색 무늬가 수컷보다 크고 앞날개 제1b실, 뒷날개 제6실, 때로는 제7실에도 작은 점무늬가 나타난다. 수컷의 앞다리는 전체가 긴 털에 싸인다.

생태_ 연 2~3회 발생하며 성충은 5~9월에 출현한다. 남부 지방의 저지대에 서식하는데 산 정상에서 활동한다. 대개 숲가장자리를 유유히 날아다니기도 하고 산 정상에서 높게 날며 배회하기도 한다.

분포_ 한국, 중국, 일본, 타이완, 인도, 말레이시아

♂

♀

083 암먹부전나비

Everes argiades (Pallas)

부전나비과
Lycaenidae

특징_ 날개 편 길이 18~34mm. 수컷은 날개 윗면이 청남색이며, 외연은 검정색으로 테가 둘러져 있으나, 암컷은 검정색으로 봄, 가을형은 기반부에 청남색 비늘가루가 발달한다.

생태_ 1년에 수차례 발생하며 성충은 풀밭에서 많이 관찰되는데 주로 낮게 날아다닌다. 숲가장자리의 양지바른 초지나 강둑 등지에 서식한다. 갈퀴나물, 토끼풀, 싸리 등의 꽃에 잘 모여 꿀을 빤다.

분포_ 한국, 중국, 일본, 타이완, 러시아(시베리아), 유라시아(북부)

귤빛부전나비 084

Japonica lutea (Hewitsen)

부전나비과
Lycaenidae

특징_ 날개 편 길이 24mm. 날개 바탕색은 오렌지 빛을 띤다. 앞날개는 시정부위를 중심으로 바깥 둘레를 따라 검정색을 띤다. 암수 무늬가 거의 같으며, 암컷은 수컷에 비하여 날개 모양이 둥그스름하다. 뒷날개에는 가는 꼬리모양 짧은 돌기가 나 있다.

생태_ 연 1회 발생하며 성충은 평지에서는 5월, 고지에서는 7월경에 출현한다. 잡목림의 계곡 주변이나 숲가장자리에 서식하며, 이른 아침과 해질 무렵에 활발하게 날아다닌다. 가끔 개망초 꽃에서 흡밀하기는 하지만 물가에 모이지는 않는다.

분포_ 한국, 중국, 타이완, 러시아(극동)

085 시가도귤빛부전나비

Japonica saepestriata (Hewitson)

부전나비과
Lycaenidae

특징_ 날개 편 길이 34~44mm. 날개는 등황색을 띠며 아름다운 모습을 가지고 있다. 날개의 밑면에는 네모의 작은 흑색 무늬가 질서정연하게 배열되어 있어 마치 시가지의 모습을 연상케 하여 이름이 붙여졌다. 암컷은 날개 윗면의 외연에 흑색 무늬가 발달하였고, 후각 부근의 흑색 점이 뚜렷하다.

생태_ 기주식물의 잔가지에 자신의 배털을 싼 채로 1~수 개를 산란한다. 졸참나무나 상수리나무가 많은 잡목림에 서식하며, 귤빛부전나비와 혼재하는 곳이 많다. 낮에는 날지 않다가 해 질 무렵 잡목림의 나무 끝을 활발하게 날아다닌다. 성충은 6~7월에 걸쳐 연 1회 발생한다.

분포_ 한국, 중국(동북), 일본, 러시아(극동)

♀

♂

큰주홍부전나비 086

Lycaena dispar (Haworth)

부전나비과
Lycaenidae

특징_ 날개 편 길이 32~39mm. 수컷은 앞·뒷날개 외연을 제외한 전체가 주황색이며 무늬가 없으나, 암컷은 앞날개 윗면에 검은 점무늬가 아외연선상에 줄지어 있다. 머리는 흑색 털로 덮여 있다.

생태_ 성충은 5~10월에 걸쳐 연 2~3회 출현한다. 기주식물인 소리쟁이의 잎이나 주위 마른 풀에 산란한다. 부화한 애벌레는 처음에 잎맥을 남기며 먹지만, 중령애벌레 이후는 잎맥까지 남김없이 먹는다. 개망초, 미나리 등의 꽃에서 꿀을 빤다.

분포_ 한국, 러시아(극동), 유럽

087 작은주홍부전나비

Lycaena phlaeas (Linnaeus)

부전나비과
Lycaenidae

특징_ 날개 편 길이 30~34mm. 앞날개는 봄형의 경우 주홍색이며 검은 점무늬가 산재해 있다. 수컷은 앞날개 외연이 직선상으로 날개 끝이 뾰족하며, 암컷은 수컷에 비해 크고 날개는 폭이 넓고 둥그스름하다. 여름형은 봄형에 비하여 일반적으로 크기가 작고 날개 윗면의 주황색 부위가 현저하게 검게 나타나 보인다.

생태_ 1년에 수차례 발생한다. 봄형은 4월부터, 여름형은 6월부터 나타난다. 산지의 초지나 강둑, 도시의 공터 등 어디서나 봄부터 가을까지 쉽게 볼 수 있다. 민들레, 개망초 등에서 꿀을 빨고 물가에는 잘 모이지 않는다.

분포_ 한국, 중국(동북), 일본, 러시아(극동), 유럽, 북미

범부전나비 088

Rapala caerulea (Bremer et Grey)

부전나비과
Lycaenidae

특징_ 날개 편 길이 28~40mm. 수컷의 날개 윗면에 보라색이 강하게 나타나고, 뒷날개 윗면 제7실 기부 근처에 갈색의 성표가 나타나 보인다. 뒷날개의 꼬리 부분에는 검은 점이 들어 있는 주황색 무늬가 발달되어 있다.

생태_ 낮은 산지의 숲가장자리나 계곡 등지에 서식한다. 파, 자운영, 개망초, 복사나무의 꽃에 주로 모여서 꿀을 빤다. 애벌레는 주로 기주식물의 잎보다 꽃을 더 잘 먹는다. 봄형은 4~6월, 여름형은 7~8월에 걸쳐 연 2회 발생한다.

분포_ 한국, 중국, 일본, 타이완, 러시아(극동)

089 먹부전나비

Tongeia fischeri (Eversmann)

부전나비과
Lycaenidae

특징_ 날개 편 길이 20~30mm. 날개는 흑갈색을 띠며 암먹부전나비의 암컷과 비슷하나 날개 아랫면의 바탕색이 갈색을 띠고 어두우며, 흑점이 전반적으로 크고 미상돌기가 짧으며, 뒷날개 내연각의 주황색 무늬가 작다.

생태_ 풀이 적은 계곡이나 길가, 제방 둑, 해안 모래밭 능지에 서식한다. 개망초, 냉이, 토끼풀 등의 꽃에서 흡밀하며, 풀이나 바위 위에서 날개를 반쯤 펴고 앉아 쉬는 일이 많다. 4~10월에 걸쳐 연 3~4회 발생하며, 유충의 먹이식물로 돌나물, 둥근바위솔, 바위채송화, 땅채송화 등이 알려져 있다.

분포_ 한국, 중국(동북부), 일본, 러시아(극동), 몽골

왕자팔랑나비 090

Daimio tethys (Ménétriés)

팔랑나비과
Hesperiidae

특징_ 날개 편 길이 40mm. 날개의 바탕색은 검은색이다. 앞날개에는 흰 무늬가 발달되어 있으며 뒷날개는 끝 부분을 따라 흰색이 나타난다. 날개 모양이나 무늬로 암수를 구별하기는 어려우므로 배 끝의 모양으로 구별하는 것이 가장 확실하다.

생태_ 연 2회 발생하며 성충은 5, 7월에 각각 나타난다. 암컷은 기주식물 잎 표면에 1개씩 산란하며, 자신의 배털로 알을 덮다. 애벌레는 잎을 삼각형으로 잘라 그 속에서 지내며 애벌레 상태로 월동한다. 잡목림 주변의 초지나 마을 주변에 서식하는데, 수컷은 저녁 무렵 강하게 점유행동을 보이며 다른 나비를 심하게 뒤쫓는 일이 많다. 엉겅퀴, 개망초 등의 꽃에서 날개를 펴고 앉아 흡밀한다.

분포_ 한국, 중국, 일본, 타이완, 미얀마

091 멧팔랑나비

Erynnis montanus (Bremer)

팔랑나비과
Hesperiidae

특징_ 날개 편 길이 46mm. 날개의 앞면은 암적갈색을 띤다. 앞날개의 절반 이후에는 회백색의 점줄이나 물결무늬의 띠가 4줄 나 있다. 암컷은 앞날개 윗면 중앙에 흰색 띠가 있고, 앞날개 아랫면에 노란색이 크게 발달하여 암수 구별이 쉽다.

생태_ 연 1회 발생하며 성충은 봄에만 관찰된다. 나무가 덜 우거진 산지의 수림 내 산길이나 계곡 주변에 서식한다. 수컷은 습지에 모인다. 암컷은 주로 넓게 확 트인 참나무의 어린잎에 1개씩 산란하는데 알은 처음엔 엷은 황색이나 곧 적갈색으로 변한다. 줄딸기, 제비꽃, 고추나무 등의 꽃에 모여서 흡밀한다. 유충은 상수리나무, 졸참나무 등의 잎을 먹고산다.

분포_ 한국, 중국, 일본, 러시아(극동), 타이완

유리창떠들썩팔랑나비 092

Ochlodes subhyalina (Bremer et Grey)

팔랑나비과
Hesperiidae

특징_ 날개 편 길이 30~34mm. 날개는 흑갈색으로 황색 비늘이 널리 퍼져 있다. 수컷은 앞날개 중실 밑에 검정색 선상 성표가 있다.

생태_ 연 2회 발생하며 성충은 4~9월까지 출현한다. 산지나 마을, 경작지 주변의 초지에 서식하며 우리나라 전국 각지에서 흔하게 관찰된다. 수컷은 물가나 새똥 등 다양한 장소에 모이거나 고삼, 갈퀴나물, 타래난초, 자귀나무 등의 꽃에 잘 모여 흡밀한다.

분포_ 한국, 중국, 몽골, 미얀마(북부), 네팔, 인도

093 수풀떠들썩팔랑나비

Ochlodes venata (Bremer et Grey)

팔랑나비과
Hesperiidae

특징_ 날개 편 길이 28~40mm. 날개의 윗면은 색깔이나 무늬가 암수에 따라 다르게 나타난다. 암컷은 암갈색 바탕에 등황색 무늬가 발달되어 있는 반면 수컷은 등색 또는 녹등색이며 앞날개 중실 밑에 검정색 선상 성표가 있다.

생태_ 연 1회 발생하며 성충은 6~7월에 출현한다. 주로 높은 산지의 초원이나 버려진 밭 주변 등에 서식한다. 암수 모두 갈퀴나물, 큰까치수영, 엉겅퀴 등의 꽃에서 흡밀하며, 수컷은 습지나 새똥 등에도 잘 모인다.

분포_ 한국, 중국, 일본, 러시아(극동), 유럽

줄점팔랑나비 094

Parnara guttata (Bremer et Grey)

팔랑나비과
Hesperiidae

특징_ 날개 편 길이 26~42mm. 암수 무늬의 큰 차이는 없으나, 앞날개 중실 끝에 수컷은 같은 크기의 흰 무늬가 2개 있으나, 암컷은 1개만 있는 경우가 많다. 날개는 암컷 쪽이 폭이 넓고 흰 무늬도 크다. 확실한 구별을 하기 위해서는 배끝을 보아야 한다.

생태_ 마을이나 논, 밭과 하천 주변의 초지에 서식하며, 인가의 정원에 피어 있는 국화, 메밀, 고마리 등 각종 꽃에서 흡밀한다. 중부지방에서는 제1화기의 개체들은 거의 볼 수 없으나, 가을이 되면 제2~3화기의 개체수가 많아진다.

분포_ 한국, 중국, 일본, 타이완, 인도, 인도네시아(셀레베스), 히말라야

095 대왕팔랑나비

Satarupa nymphalis (Speyer)

팔랑나비과
Hesperiidae

특징_ 날개 편 길이 수컷 56~64mm, 암컷 60~72mm. 대형의 팔랑나비로 날개의 앞면은 흑갈색이며 앞날개의 경우 중실 끝에 흰무늬가 발달하여 있다. 암컷은 수컷보다 크며 윗면 바탕색은 다소 연히고 앞날개의 흰무늬와 뒷날개 흰띠도 다소 큰 경향이 있다.

생태_ 연 1회 발생하며 성충은 4~8월경에 출현한다. 산지의 계곡이나 임도 주변에 서식하는데, 주로 산간지역의 잡목림 주변에서 쉽게 발견된다. 간혹 물가에서 흡수하거나 큰까치수영, 쉬땅나무의 꽃에서 흡밀한다. 수컷은 산정상의 적당한 나뭇잎 위에 앉아 점유행동을 한다.

분포_ 한국, 중국, 러시아(극동)

참나무갈고리나방 096

Agnidra scabiosa (Butler)

갈고리나방과
Drepanidae

특징_ 날개 편 길이 34mm. 앞날개 바탕은 황갈색이고, 전연은 황갈색이며 가로줄은 불명확하다. 앞날개의 아외연선은 암회색으로 뚜렷한 때가 많다. 앞날개는 횡맥 부근에서 후연에 걸쳐, 뒷날개는 횡맥 부근에 회백색 무늬가 많이 있다. 특히 앞날개 표면의 바탕색이 황갈색이고, 중앙에는 담색인 조각 부위가 몇 개 있다.

생태_ 성충은 4~9월에 출현한다. 애벌레는 졸참나무 등의 잎을 먹고산다.

분포_ 한국, 중국, 일본, 타이완, 러시아(극동)

097 큰자루긴수염나방

Nemophora staududingerella (Christoph)

긴수염나방과
Adelidae

특징_ 날개 편 길이 40mm. 머리털은 황색이며 더듬이는 길다. 수컷은 앞날개 길이의 4배에 가깝고, 암컷의 약 1.8배 정도이며, 기부 약 3/5까지는 흑색이다. 앞날개의 약 3/5에는 황토색 내지 녹황색 횡대가 있고 양측에는 암갈색에 광택이 있는 담자색 선이 있다.
생태_ 성충은 주로 8월초에 채집되며, 유충은 마타리 꽃과 관계가 있는 것으로 알려져 있다. 다른 나방들과는 달리 낮에 활동한다.
분포_ 한국, 중국, 일본, 러시아(극동)

황다리독나방 098

Ivela auripes (Butler)

독나방과
Lymantriidae

특징_ 날개 편 길이 38~58mm. 더듬이는 회백색이며, 암컷은 빗살 모양의 가지가 수컷에 비해 현저히 짧다. 몸은 흑갈색인데 백색의 인모로 덮여 있으며, 배의 양 옆으로 넓은 띠의 등황색 무늬가 길게 뻗어 있다. 앞다리의 종아리마디와 발목마디는 황색, 그밖의 다리는 회백색이다. 날개는 우윳빛의 반투명한 백색인데 앞뒤에 아무 무늬도 없다.

생태_ 성충은 6~7월에 출현하여 주로 낮에 약하게 날아다닌다. 유충은 층층나무, 곰의말채나무, 때죽나무, 아까시나무 등의 잎을 먹는다.

분포_ 한국, 중국, 일본, 러시아(극동)

♂

♀

099 매미나방 (짚시나방)

Lymantria dispar (Linnaeus)

독나방과
Lymantriidae

특징_ 날개 편 길이 수컷 48~65mm, 암컷 70~90mm. 성충은 암수의 크기와 색깔이 달라 다른 종으로 오인되는 경우가 많다. 수컷의 몸과 날개는 대체로 암갈색을 띤 흑갈색이다. 암컷의 몸과 날개는 보통 유백색을 띠며 전연부에 희미한 물결모양의 갈색 무늬가 3개 정도 나 있다.

생태_ 연 1회 발생하며 성충은 7~8월에 출현한다. 알로 월동한 후 이듬해 4월경에 유충으로 부화하여 생활한다. 기주식물은 사과나무, 배나무 등의 과수류 및 상수리나무, 느릅나무, 자작나무 등 여러 종류의 수목의 잎을 가해한다. 때로 대발생하여 산림이나 과수에 큰 피해를 주는 돌발해충이 되기도 한다.

분포_ 한국, 중국, 일본, 러시아(아무르, 시베리아), 유럽, 북미

♂

♀

붉은매미나방 100

Lymantria mathura Moore

독나방과
Lymantriidae

특징_ 날개 편 길이 수컷 45~48mm, 암컷 82mm. 수컷의 더듬이는 흑갈색인데 가지가 새의 깃털모양으로 길고 암컷은 매우 짧다. 암수는 색깔과 크기에 큰 차이가 있다. 앞날개는 암회색 바탕에 표면은 물결모양의 암갈색 띠가 있고, 중실의 중앙에 흑색 점이 있다. 앞날개 외연에는 물결모양무늬가 있고, 시맥 사이에 암갈색 점이 있다. 뒷날개는 외연을 따라 담갈색 띠가 둘러져 있다.

생태_ 성충은 7~8월에 출현한다. 유충은 상수리나무, 갈참나무, 떡갈나무, 밤나무, 사과나무, 벚나무 등의 잎을 먹는 해충이다.

분포_ 한국, 중국, 일본, 러시아(극동)

101 연금빛포충나방

Crambus perlellus (Scopoli)

명나방과
Pyralidae

특징_ 날개 편 길이 22~27mm. 머리와 더듬이는 백색이며, 앞쪽에 흑갈색 줄이 1개 있다. 아랫입술수염은 거의 앞으로 향한 백색이며, 바깥쪽과 아랫부분은 담갈색을 띤다. 가슴의 등쪽 면은 백색이며, 배의 등쪽 면은 갈색을 띤다 가슴의 배쪽면은 백색이며, 배의 배쪽면은 갈색을 띠고, 다리도 갈색이다.

생태_ 성충은 7~8월경에 출현하며 벼과 식물을 먹는다.

분포_ 한국, 중국, 일본, 러시아, 유럽, 북미

깜둥이창나방

102

Thyris fenestrella seoulensis Park et Byun

창나방과
Thyrididae

특징_ 날개 편 길이 14~17mm. 머리는 흑색이며 황색 인편이 약간 섞여 있다. 앞이마는 돌출하지 않았다. 더듬이는 흑색이고 빗살모양이다. 아랫입술수염이 비스듬히 위를 향하며, 제3마디는 뾰족하다. 제3마디 및 제2마디의 아래 절반은 백색에 가깝고, 제2마디 위쪽 절반은 황색 인편이 덮여 있다. 몸과 날개의 기부는 황색이다. 배의 등쪽 면은 흑색으로 2~3개의 백색 띠가 있다. 앞·뒷날개는 흑색이며, 날개 중앙에는 반투명한 부분이 있고 적황색 점이 곳곳에 산포되어 있다. 한국 고유종이다.

생태_ 성충은 5~8월까지 관찰되며 주간에 민첩하게 날아다니며 각종 야생화에 잘 모인다.

분포_ 한국

103 녹색박각시

Callambulyx tatarinovii (Bremer et Grey)

박각시과
Sphingidae

특징_ 날개 편 길이 62~72mm. 날개는 담녹색이며, 진한 색으로 된 불규칙한 무늬가 있다. 뒷날개는 홍적색이며 바깥 부분은 다갈색이다.

생태_ 연 2회 발생하며 성충은 5월초~10월중순까지 출현한다. 1화기 성충은 5~6월에 우화하고 유충은 6~7월에 나타난다. 2화기 유충은 8~9월에 나타나며, 노숙하면 흙 속으로 들어가 번데기가 되어 월동한다. 유충은 느릅나무, 느티나무, 피나무 등의 잎을 식해한다.

분포_ 한국, 중국, 일본, 러시아(아무르, 시베리아)

주홍박각시 104

Deilephila elpenor (Linnaeus)

박 각 시 과
Sphingidae

특징_ 날개 편 길이는 57~63mm. 더듬이는 분홍색을 띤다. 날개는 전반적으로 분홍색을 띠며 앞날개의 기부를 따라 중앙부로 진한 황토색이 퍼져 있다. 앞날개의 기부에는 흑색 털이 있고 가슴부위와 연접한 곳은 백색을 띤다. 뒷날개 시반부의 흑색 부분만 제외하고 주홍색을 띤다.

생태_ 성충은 5월초~9월말까지 출현한다. 유충의 기주식물로는 달맞이꽃, 봉선화, 분홍바늘꽃, 흰솔나물, 토란, 부처꽃 등이 알려져 있다.

분포_ 한국, 중국, 일본, 타이완, 베트남, 히말라야, 유럽, 미국

105 벌꼬리박각시

Macroglossum pyrrhosticta (Butler)

박각시과
Sphingidae

특징_ 날개 편 길이 42~54mm. 몸 빛깔은 갈색을 띤다. 앞날개의 밑부분에는 짙은 색 가로띠가 있으며 뒷날개에는 등색의 띠가 있다. 복부 제2~4마디 옆에는 황색무늬가 있다. 검정꼬리박각시에 비해 소형이고 전국적으로 분포하는 보통종이다.

생태_ 6월말~10월말까지 출현한다.

분포_ 한국, 중국, 일본, 타이완, 베트남, 러시아(극동), 인도(북부), 동남아시아

사과혹나방 106

Mimerastria mandschuriana (Oberthür)

혹나방과
Nolidae

특징_ 날개 편 길이 16~22mm. 수컷의 더듬이는 미모상이다. 배는 담갈색이고, 기부의 등쪽 면 위에는 암갈색의 털뭉치가 있다. 앞날개는 회백색이고, 기부는 약간 백색인데 이곳부터 내횡선까지 전연부의 중앙은 회흑색이고, 푸른 금속광택을 가지는 비늘 조각이 흩어져 있다. 뒷날개는 담흑갈색, 연모는 기부 반이 짙은색이고, 옅은색의 시맥에 의해 끊긴다. 뒷면은 담흑갈색이다.

생태_ 성충은 1년에 여러 번 출현한다. 유충은 벚나무, 상수리나무, 졸참나무, 사과나무의 잎을 먹는다.

분포_ 한국, 일본, 러시아(사할린, 우수리, 아무르, 극동)

107 넓은띠담흑수염나방

Hydrillodes morosa (Butler)

밤나방과
Noctuidae

특징_ 날개 편 길이 28~32mm. 수컷의 더듬이는 섬모상인데 마디마다 약간의 가시가 있으며, 중앙 부분에 작은 털뭉치가 있다. 앞날개는 담회자갈색을 띠며, 내횡선과 외횡선은 가는 암색 선이다. 콩팥모양무늬는 암색 점무늬로 나타난다. 뒷날개도 앞날개와 같은 색깔이며, 제5맥의 안쪽으로는 암색 점무늬가 있다. 앞·뒷날개 모두 외연은 약간 담황색을 띤다. *H. funeralis* Warren로 잘못 알려져 왔던 종이다.

생태_ 성충은 6~7월경에 출현한다.

분포_ 한국, 중국, 일본, 러시아(극동)

흰줄태극나방 108

Metopta rectifasciata (Menetries)

밤나방과
Noctuidae

특징_ 날개 편 길이는 68~76mm. 수컷의 더듬이는 빗살모양이다. 머리와 가슴의 등쪽 면은 암갈색을 띠며, 가운뎃다리의 종아리마디에는 자침이 있다. 앞날개는 암갈색을 띠는데 중실의 끝에는 커다랗게 둥근 무늬가 있으며, 백색 선이 둘러싸고 있다. 중횡선은 흑갈색, 태극무늬의 바깥쪽을 싸고 있으며, 중횡선의 안쪽과 전연부는 약간 담회갈색을 띤다. 외횡선은 폭넓은 백색 띠의 형태이다.

생태_ 성충은 5~8월경에 출현한다. 낮은 야산에서 살며, 유충은 자귀나무, 청미래덩굴, 밀나물 등의 잎을 먹는다. 성충은 특히 감귤 등의 과즙을 흡수하는 해충이다.

분포_ 한국, 중국, 일본, 타이완, 인도

109 꼬마봉인밤나방

Sphragifera biplagiata (Walker)

밤나방과
Noctuidae

특징_ 날개 편 길이 30~32mm. 앞날개는 백색 바탕인데 전연의 중앙에서 중실의 후각 부근으로 비스듬하게 등갈색 띠무늬가 있으며 시정부위에는 등갈색의 타원형 점무늬가 발달하여 있다. 뒷날개는 백색 바탕에 외연부가 약간 암갈색을 띤다. 근연종인 봉인밤나방에 비해 크기가 다소 작다.

생태_ 성충은 6~8월경에 출현한다.

분포_ 한국, 중국, 일본, 타이완

앞선두리불나방

Agylla gigantea (Oberthür)

특징_ 날개 편 길이 수컷 30~36mm, 암컷 34~40mm. 몸은 광택 있는 검은 회색이다. 더듬이는 가는 미모상인데 암컷은 수컷에 비해 길이가 짧다. 머리와 가슴, 배판은 등황색이고, 어깨판과 가슴의 등쪽 면은 암갈색이다. 앞날개의 전연에는 등황색 띠가 날개 끝까지 뻗어 있고 그 외의 부분은 암갈색이다. 뒷날개도 암갈색을 띠고 있으나 앞날개보다는 그 색깔이 약하다. 배의 등쪽 면은 암갈색이고, 배쪽 면은 등황색인데 암컷은 꼬리 부분에 등황색의 짧은 털이 나 있다.

생태_ 연1회 발생하며 성충은 6~7월경에 출현한다.

분포_ 한국, 중국(동북), 일본, 러시아(극동)

111 뒷노랑왕불나방

Pericallia matronula (Linnaeus)

불나방과
Arctiidae

특징_ 날개 편 길이 72~84mm. 더듬이는 짧고 흑색을 띠며 실모양이다. 가슴의 등쪽 면에는 흑갈색 강모가 발달하여 있다. 배의 중앙 등쪽 면에는 흑색 점열이 있으며 배쪽 면에는 흑갈색, 등홍색의 연모가 중앙에 있다. 앞날개는 흑갈색을 띠고, 기부에 1개와 전연을 따라 3개의 노란색 점무늬가 나 있다. 뒷날개는 황색을 띠고, 날개 중앙에는 3개의 흑색 점과 아외연선을 따라 흑색 띠가 2개의 부분으로 나뉜다.

생태_ 성충은 7~8월에 출현한다.

분포_ 한국, 중국, 일본, 러시아(극동), 유럽

옥색긴꼬리산누에나방 112

Actias gnoma (Butler)

산누에나방과
Saturniidae

특징_ 날개 편 길이 70~90mm. 몸과 가슴은 흰 빛이다. 날개는 전반적으로 옥색을 띠며 앞날개의 전연을 따라서는 가느다란 보라색을 띤다. 뒷날개에는 날개꼬리가 발달하여 있는데 긴꼬리산누에나방의 것보다 더 길게 뒤쪽으로 뻗어 있으며 꼬리의 휜 각도도 더 완만하다. 뒷날개 중실무늬가 둥글고, 아래쪽 가장자리 테두리가 뚜렷한 것으로 구별된다. 수컷 생식기의 형태적 변이가 크므로 종의 동정에 주의가 필요하다.

생태_ 성충은 5월말~8월중에 출현한다. 유충은 녹나무, 단풍나무 등의 잎을 먹는다.

분포_ 한국, 중국, 일본, 러시아(극동), 인도

♂

♀

113 유리산누에나방

Rhodinia fugax diana (Oberthür)

산누에나방과
Saturniidae

특징_ 날개 편 길이 75~90mm. 수컷의 경우 몸과 날개는 황갈색 또는 등갈색을 띠며 암컷은 황색이다. 중실무늬는 거의 둥글고 투명하며, 암회갈색 테가 둘러져 있다. 수컷 앞날개 외연은 오목하게 굴곡을 이룬다. 앞·뒷날개에는 물결모양의 암회갈색 내횡선과 외횡선이 있다.

생태_ 성충은 7월중순~11월초에 출현한다. 유충은 버드나무류, 참나무류, 느티나무, 느릅나무, 황철나무, 단풍나무, 벚나무 등의 잎을 먹는다.

분포_ 한국, 중국, 일본, 러시아(극동)

노랑애기나방 114

Amata germana (Felder et Felder)

애기나방과
Ctenuchidae

특징_ 날개 편 길이 30~38mm. 머리는 흑색을 띤다. 얼굴은 등황색이며, 더듬이는 끝 가까이에서 백색을 띤다. 가슴과 배는 등황색이다. 다리는 흑색이고, 날개도 흑색이나 기부 가까이는 등황색을 띤다. 앞날개에는 기부 가까이에 1개, 중앙에 2개, 외연 부근에 2개, 도합 5개의 투명한 큰 무늬가 있다. 그 중 외연 부근의 1개는 흑색의 시맥에 의해 2개로 나뉜다. 뒷날개에는 중앙에 1개의 같은 투명한 큰 무늬가 발달해 있다.

생태_ 성충은 7월에 출현한다.

분포_ 한국, 중국, 타이완, 일본(대마도), 러시아(극동)

115 얼룩나방

Chelonomorpha japona Motschulsky

얼룩나방과
Agaristidae

특징_ 날개 편 길이 56mm. 몸과 날개는 흑색을 띤다. 앞날개에는 중실에 2개, 제1맥을 걸쳐서 1개의 커다란 황백색 무늬가 있고, 외연 가까이에 작은 황백색 줄무늬가 있다. 시정 부근에 황백색 무늬가 있어 흑색의 시맥에 의해 몇 개로 나누어진다. 뒷날개에는 중앙 부분으로부터 뒷가두리까지 오렌지빛을 띠며 그 속에는 3개의 흑색무늬가 있다.

생태_ 성충은 6월경에 출현하며 주로 낮에 활동한다.

분포_ 한국, 중국, 일본, 타이완, 인도

왕물결나방 116

Brahmaea certhia (Fabricius)

왕물결나방과
Brahmaeidae

특징_ 날개 편 길이 100~120mm. 더듬이는 암수 모두 빗살모양이며 짧은 톱니를 가졌다. 앞날개의 기부와 바깥쪽 절반과 뒷날개의 바깥쪽 절반에는 특이하게 복잡한 흑갈색의 물결무늬가 발달하여 있다. 앞날개의 중앙 띠무늬는 가운데 맥 사이에서 갑자기 좁아지는 것이 특징이며, 끝부분은 회갈색을 띤다. 뒷날개의 안쪽은 흑갈색이고 바깥쪽으로는 흑색의 잔물결무늬가 있다. 가슴과 배 부분에는 흰색 또는 연한 회갈색 털로 덮여 있을 뿐 아니라 흑색 줄무늬도 발달되어 있다.

생태_ 연 1회 발생한다. 암컷은 잎 뒷면에 한 개씩 알을 낳는다. 알에서 깨어난 애벌레는 4회의 허물벗기 후, 땅으로 내려와 흙 속에서 번데기가 된다. 애벌레는 마지막 단계에서는 산누에나방과 비슷한 모양을 보인다. 기주식물은 쥐똥나무, 사철나무, 수수꽃다리 등이 있다.

분포_ 한국, 중국, 러시아(아무르)

117 참빗살얼룩가지나방

Abraxas latifasciata Warren

자나방과
Geometridae

특징_ 날개 편 길이 33~42mm. 머리, 가슴의 등쪽 면은 황갈색이고, 배는 황색 바탕에 검은 점들이 산포해 있다. 앞·뒷날개는 백색을 띠며 백갈색 원형무늬가 날개가장자리를 따라 존재한다. 그 중 전연의 기부쪽 무늬와 후연의 중앙에 있는 무늬가 진한 갈색이라서 특징적으로 눈에 띈다.

생태_ 성충은 5~8월에 출현하며, 유충은 노박덩굴과 식물을 먹고 산다.

분포_ 한국, 중국, 일본, 러시아

각시얼룩가지나방 118

Abraxas niphonibia Wehrli

자나방과
Geometridae

특징_ 날개 편 길이 32~36mm. 날개는 흰색 바탕에 회색 무늬가 복잡하게 퍼져 있는데 개체에 따라 변이가 있다. 대체로 앞날개 횡맥 주변 무늬의 중심에 검은색 고리모양무늬가 뚜렷이 나타난다. 뒷날개의 외횡무늬줄은 후반에서 두줄인 경우도 있으나 주로 한줄이다.

생태_ 성충은 6~8월에 출현한다.

분포_ 한국, 중국, 일본, 러시아

119 오얏나무가지나방

Angerona prunaria (Linnaeus)

자나방과
Geometridae

특징_ 날개 편 길이 34~52mm. 더듬이는 수컷이 빗살모양, 암컷은 실모양이나 색깔과 무늬에 변이가 많다. 몸과 날개는 수컷이 등적색, 암컷은 담황색이다. 앞·뒷날개는 모두 전면에 암갈색 짧은 선이 산재하며 연모는 등적색 혹은 담황색 무늬를 이룬다. 횡맥 상에는 암갈색 선이 존재하며 뒷면은 등황색인데 암컷은 담황색이나 암갈색 짧은 선이 산포한다.

생태_ 연 2회 발생하며 성충은 5~6월과 7~8월에 출현한다. 출현기에 많이 볼 수 있는 흔한 종이다. 유충은 자두나무, 매화나무, 개암나무, 나무딸기, 자작나무, 잔털인동, 자작잎산사, 위령선 등의 잎을 먹는다.

분포_ 한국, 중국, 일본, 러시아, 유럽

배노랑물결자나방

120

Callygris compositata (Guenrée)

자나방과
Geometridae

특징_ 날개 편 길이 37~44mm. 몸과 가슴은 흰색이다. 앞날개는 흰 바탕에 흑색 줄무늬가 발달하여 있는데, 아기선, 주횡선, 외횡선은 각각 3개의 선으로 이루어져 있다. 아외연선의 바깥쪽에는 전연에서 제3중맥에 이르는 2개의 가느다란 흑색 선이있다. 뒷날개에는 밑부분 가까이에 2개의 흑색 반문이 있다. 후각의 부근은 황색을 띠고, 안쪽에는 3개의 흑색무늬가 있다. 앞, 뒷날개는 모두 외연선이 흑색이고, 연모는 백색이다.

생태_ 주로 깊은 산지에 서식하며 성충은 6~7월에 출현한다.

분포_ 한국, 중국, 일본,

121 큰노랑물결자나방

Gandaritis fixseni (Bremer)

자나방과
Geometridae

특징_ 날개 편 길이 46~58mm. 더듬이는 수컷이 미모상, 암컷은 실모양이다. 몸과 날개는 모두 적등색인데 수컷은 앞날개의 무늬가 한층 더 짙다. 정수리는 황색, 이마와 몸의 배쪽 면은 황백색이다. 아랫입술수염은 흑색인데 배의 등쪽 면은 약간 황색을 띤다. 몸은 전반적으로 밝은 황색 털로 덮여 있다. 앞날개는 중앙부에 세로로 옅은 갈색 띠무늬가 있고 밑 부분에 흑색 점이 있으며, 시정부는 밝은 황색의 반원모양무늬가 발달하여 있다. 아기선, 내횡선, 외횡선은 암갈색이다. 아기선과 내횡선과의 사이는 군데군데 황색을 띤다.

생태_ 연 2회 발생하며 성충은 6~10월에 출현한다.

분포_ 한국, 중국, 일본, 러시아

왕눈큰애기자나방

122

Problepsis superans (Butler)

자 나 방 과
Geometridae

특징_ 날개 편 길이 46~50mm. 더듬이는 수컷이 미모상이고 암컷은 실모양이다. 몸, 날개 모두 순백색이며 외연부에 흑색무늬 줄이 있다. 앞날개에는 중앙부에 둥근 점무늬가 있는데 중앙부는 흑갈색, 테두리는 황갈색이며 바로 아래에 보다 작은 황갈색 점이 있다. 뒷날개에도 중앙부에 앞날개의 것보다 다소 작은 장타원형의 흑갈색 점이 있다. 역시 이 점무늬 아래에도 작은 점무늬가 나 있다.

생태_ 성충은 6~9월에 출현한다.

분포_ 한국, 일본, 러시아

123 홍띠애기자나방

Timandra comptaria Walker

자 나 방 과
Geometridae

특징_ 날개 편 길이 30~50mm. 더듬이는 수컷이 빗살모양, 암컷은 실모양이다. 몸과 날개는 담황갈색이다. 머리에서부터 배까지 갈색털로 덮여 있다. 앞날개는 전체적으로 연한 갈색이며 끝부분부터 중간 하단까지 진한 적갈색 줄무늬가 있다. 뒷날개에도 앞날개와 연결하여 적갈색 줄무늬가 이어져 있다.

생태_ 성충은 6~9월에 출현하며, 애벌레는 국화과, 버드나무과 식물을 먹는다.

분포_ 한국, 중국, 일본, 러시아(극동)

각시제비가지나방 124

Tristrophis siaolouaria (Oberthür)

자나방과
Geometridae

특징_ 날개 편 길이 33~39mm. 더듬이는 수컷이 빗살모양이고, 암컷은 실모양이다. 몸과 날개는 백색이다. 앞날개의 내횡선은 담갈색으로 전연에서 한 번 굴곡하는 경우가 많다. 뒷날개의 외횡선은 외연에 따라 제3중실에서 돌출하므로 다른 종과 구별된다. 외연부에는 암색 짧은 선이 산재되어 있는데, 얼른 보기에는 선과 같이 보인다. 뒷날개의 끝부분에는 흑색 점이 있다.

생태_ 성충은 7월에 출현한다.

분포_ 한국, 중국

125 두줄제비나비붙이

Cerura menciana Moore

제비나비붙이과
Epicopeiidae

특징_ 날개 편 길이 55~65mm. 더듬이는 빗살모양이다. 몸은 흑색이다. 어깨판의 기부는 선홍색, 가슴의 등쪽 면과 배는 흑색 바탕, 옆면은 붉은 빛을 띤다. 앞날개는 모두 흑색이며 뒷날개에는 꼬리가 있다. 외연 쪽으로는 2열로 된 붉은 무늬가 발달하여 있다

생태_ 성충은 7~8월에 출현하며, 유충은 자작나무과, 느릅나무과 식물을 먹는다.

분포_ 한국, 중국, 일본

긴목남가뢰 126

Meloe violaceus semenowi Jakowlew

가뢰과
Meloidae

특징_ 몸길이 30mm. 몸의 색깔은 전반적으로 검은 남색을 띤다. 몸에 비해 머리는 작은 편이고 가슴 부분이 길게 발달하여 있어 마치 목이 긴 것처럼 보인다. 복부를 덮고 있는 날개딱지 부분은 크게 팽대되어 있으며, 복부를 완전히 덮지는 못한다. 가뢰 무리 중에서 가장 몸이 큰 종 중 하나이다.

생태_ 주로 식물의 싹이나 쑥잎을 먹고 사는 것으로 알려져 있다. 건드리면 죽은 척하거나 방어물질인 칸다리딘을 분비한다. 성충이 10~11월에 채집된 기록이 있다.

분포_ 한국, 중국, 일본, 유럽

127 도토리거위벌레

Mecorhis ursulus (Roelofs)

거위벌레과
Attelabidae

특징_ 몸길이 9mm. 몸 색깔은 흑색 내지 암갈색이고 광택이 난다. 날개에 회황색 털이 밀생해 있고 흑색 털도 드문드문 나 있으며 날개의 길이와 비슷할 정도로 긴 주둥이를 가지고 있다. 촉각은 11절이고 선단(先端) 3절부터 팽대되어 있다.

생태_ 연 1회 발생한다. 5월 하순경에 번데기가 되기 시작하며 번데기 기간은 21~33일이다. 성충 우화 시기는 6월 중순~9월 하순 사이고 최성기는 8월 상순이다. 우화한 성충은 나무 위에서 도토리에 주둥이를 꽂고 흡즙하며 생활한다. 성충의 산란 수는 20~30여 개이다. 도토리에 구멍을 뚫은 후 산란관을 꽂고 1회에 1~2개씩 낳은 뒤 가지를 주둥이 잘라 땅으로 떨어뜨린다. 알 기간은 5~8일이고 7월 하순경에 유충으로 부화한다. 부화한 유충은 도토리의 과육을 먹으며 살다가 20일 정도 후에 도토리에서 나와서 땅 속 3~9cm 깊이까지 들어가 흙집을 짓고 월동한다.

분포_ 한국, 중국, 일본, 러시아

차색우단풍뎅이 128

Maladera ovatula (Fairmaire)

검정풍뎅이과
Melolonthidae

특징_ 몸길이 9mm. 몸은 연한 적갈색이다. 몸의 색이 엷어서 딱부리우단풍뎅이와 비슷한 모습이나 눈이 돌출하지 않았고, 뒷다리의 경절은 짧고 넓다. 더듬이는 황갈색을 띠며 10마디로 되어 있다. 앞가슴등판의 측면으로 다소 굽었으며, 가시털이 열을 이루고 있으며, 후각은 둔각이다. 딱지날개는 짧고, 끝은 재단상이며, 후퇴절은 광택이 없고, 후경절은 짧으나 폭은 넓다.

생태_ 성충은 6~8월경에 채집된 기록이 있다.

분포_ 한국, 중국, 일본, 타이완

129 왕풍뎅이

Melolontha incana (Motschulsky)

검정풍뎅이과
Melolonthidae

특징_ 몸길이 30~40mm. 몸은 적갈색 또는 흑갈색을 띤다. 몸에는 광택이 있으나 매우 짧은 회백색 털이 촘촘히 덮여 있다. 머리방패는 거의 사각형인데 앞쪽은 낮고 편평하다. 더듬이는 10마디로 되어 있는데 수컷의 경우 곤봉부는 7마디로서 자루의 2배 정도로 길고 중간이 굽었으며, 암컷은 6마디인데 자루의 절반 길이이다. 앞가슴등판은 흑갈색이나, 노란색 또는 회백색의 잔털이 조밀하게 나 있다. 딱지날개는 어깨부분이 넓으며 뒤쪽으로 갈수록 가늘어진다. 다리는 짙은 적갈색이다.

생태_ 2년에 1회 발생하며 야산의 참나무류가 많은 지역에 산다. 봄부터 여름까지 활동하며 땅속에 알을 낳는다. 유충으로 월동한다. 때로는 사과나무, 복숭아, 배나무 등 과수에 피해를 주기도 한다.

분포_ 한국, 중국(동북), 러시아(시베리아)

큰검정풍뎅이 130

Holotrichia parallela (Motschulsky)

검정풍뎅이과
Melolonthidae

특징_ 몸길이 17~22mm. 몸은 대개 흑색이나 가끔 암갈색 또는 적갈색인 경우도 있으며 광택은 없으나 배쪽은 빌로오드처럼 청백색의 약한 반사광이 있다. 머리방패의 앞쪽 가장자리는 약간 오목하고 위로 젖혀져 있다. 앞가슴등판은 가운데 부분이 높고 앞부분은 편평하다. 딱지날개는 회색 빛을 띤 흰색이다.

생태_ 연 1회 발생하고 4~9월에 성충을 관찰할 수 있다. 야산의 참나무류가 많은 곳에 산다. 성충은 활엽수의 잎을 갉아먹으며 유충은 땅속에서 식물의 뿌리를 갉아먹는다.

분포_ 한국, 중국(티베트), 일본, 타이완

131 보라금풍뎅이

Chromogeotrupes auratus (Motschulsky)

금풍뎅이과
Geotrupidae

특징_ 몸길이 18~20mm. 몸은 자줏빛이 감도는 보라색이다. 등쪽은 광택이 강한 적자색 또는 남색이나 청색 또는 녹색의 변이도 많다. 촉각 곤봉부에는 작고, 전퇴절의 앞쪽 기부에는 조밀한 털로 된 둥근 무늬가 있다. 머리방패는 약간 길고, 전경절의 아래 면에는 암컷은 1개, 수컷은 3~4개의 아래로 향한 긴 돌기가 있다. 다리는 어두운 자주색 광택이 있다.

생태_ 개나 사람의 배설물에 모여드는 습성이 있다. 종 보호 차원에서 국외 반출이 법으로 금지된 종이다.

분포_ 한국, 중국(중·북부), 일본, 러시아(시베리아)

길앞잡이 132

Cicindela chinensis flammifera Horn

길앞잡이과
Cicindelidae

특징_ 몸길이 20mm. 몸은 금녹색 또는 금적색으로 빛나고 머리는 일반적으로 금녹청색이며 윗입술은 퇴황색, 중앙에 현저한 용골돌기가 있다. 그리고 이것과 기부 앞가두리는 흑색이다. 앞가두리 중앙에는 예리한 1개의 이가 있고 그 양쪽에 각각 3개의 이가 병렬하였다. 딱지날개는 검은색인데 여러가지 색의 가로무늬가 화려하게 발달되어 있으며 옆가두리는 녹청색 광택이 난다.

생태_ 연 1회 발생하며 성충은 봄~가을까지 관찰되나 5월에 가장 많다. 겨울철에는 주로 큰바위 밑에서 지내며 대개 산지의 오솔길을 따라 나는 습성이 있다.

분포_ 한국, 중국, 일본

133 산길앞잡이

Cicindela sachalinensis raddei Morawitz

길앞잡이과
Cicindelidae

특징_ 몸길이 15~20mm. 윗입술은 크고 앞쪽으로 돌출하고 중앙은 뾰족하다. 체색에는 변화가 많다. 딱지날개에는 점각이 밀포되었고 각 점각 사이에는 작은 과립이 있다. 딱지날개 중앙에 물결모양의 가로띠무늬가 있는데 개체에 따라 여러 가지 모양으로 되었다. 더듬이는 기부에 4마디만 다소 금속광택이 나고 그 외는 황색으로 광택이 없다. 배는 녹청색 또는 자색이고 구릿빛 광택이 난다.
생태_ 성충은 5~6월에 출현한다. 산지의 흙이 깔려 있는 곳이나 도로에서 관찰된다.
분포_ 한국, 중국(동북), 일본, 러시아(아무르, 쿠릴열도)

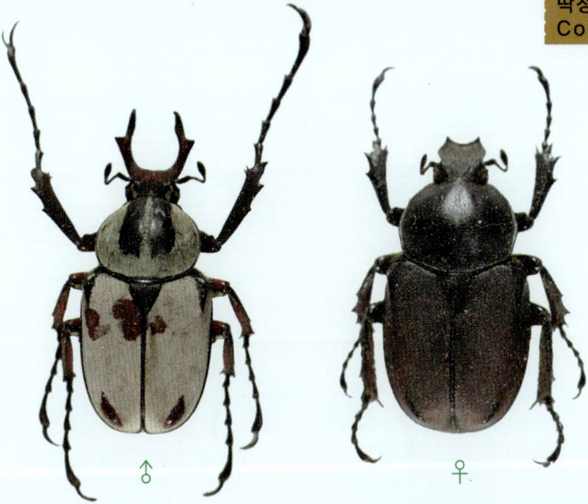

사슴풍뎅이 134

Dicranocephalus adamsi Pascoe

꽃무지과
Cetoniidae

특징_ 몸길이 22mm. 몸은 넓적하고 검은색을 띤다. 앞가슴은 거의 반구형으로 가운데가 가장 넓고, 위에서 주홍측판이 보인다. 적갈색 또는 암적갈색이나 수컷은 등쪽 대부분이 회백색 가루로 덮여 있다. 수컷의 머리방패는 양 옆이 길게 늘어나 긴 뿔모양을 이루는데 각각 가지가 나 있어서 사슴뿔모양이다. 수컷의 전부절은 전경절의 1.5배 정도이며 암컷은 길이가 같다. 다리는 적갈색이고 앞다리 발목마디가 현저하게 길다.

생태_ 성충은 5~6월에 출현하며, 유충은 부식토 속에서 자란다. 이른 봄에 다 자란 유충은 번데기 방을 만들고 그 속에서 번데기가 된 후 5월경에 우화하여 짝짓기를 하는 것으로 알려져 있다.

분포_ 한국, 중국(동부, 서부, 티베트), 베트남

135 풍이

Pseudotorynorrhina japonica (Hope)

꽃무지과
Cetoniidae

특징_ 몸길이 23~29mm. 몸은 광택이 강한 녹갈색이나 구릿빛 또는 붉은 빛을 띠는데 녹색, 남색, 흑남색, 흑자색 등의 변이도 나타난다. 수컷의 전경절은 가늘고 외치가 없으나 암컷은 굵고 강한 외치가 1개 있다. 후경절 안쪽의 털은 회갈색이며, 주융돌기의 끝은 은행모양이고, 딱지날개의 끝은 뾰족하게 돌출하였다. 수컷의 복부 복판은 세로로 패여 있다.

생태_ 성충은 6~10월까지 출현한다. 여름철에는 나무의 수액이나 과즙에 무리를 지어 모인다.

분포_ 한국, 중국, 일본

호랑꽃무지 136

Trichius succinctus (Pallas)

꽃무지과
Cetoniidae

특징_ 몸길이 11mm. 몸은 흑색인데 전신에 황색 털이 촘촘하게 나 있고, 딱지날개에는 3개의 황색 가로무늬가 있다. 머리방패는 상반하였으나 앞쪽 중앙은 패였고, 옆은 아래로 굽었다. 수컷의 배는 마지막 마디가 짧고, 미절판은 좁고 길며 가운데가 높지만, 암컷은 배가 부풀었고, 마지막 마디는 넓고 길며, 미절판은 둥글다. 다리와 몸의 아랫부분은 검색이며 노란색 털로 덮여 있다.

생태_ 성충은 7~8월에 채집된다.

분포_ 한국, 중국(동북), 일본, 러시아(시베리아)

137 멋쟁이딱정벌레

Damaster jankowskii jankowskii (Oberthür)

딱정벌레과
Carabidae

특징_ 몸길이 35~40mm. 몸 색깔은 머리와 앞가슴등판과 딱지날개의 가장자리가 적동색이며 딱지날개는 금속성의 녹색이 도는 검정색이고 앞가슴등판까지 완전히 녹색인 개체도 있다. 머리는 길고 앞머리는 주름살무늬가 많다. 더듬이는 흑갈색이며 노란색 털이 많이 나 있다. 딱지날개는 점무늬가 밀포되어 있고 막질의 뒷날개는 거의 없다.

생태_ 주로 산림지역에 살며 성충은 여름에 출현한다.

분포_ 한국, 중국, 러시아(시베리아, 블라디보스토크)

우리딱정벌레 138

Carabus sternbergi sternbergi Roeschke

딱정벌레과
Carabidae

특징_ 몸길이 16~22mm. 몸 색깔은 흑갈색을 띠는 것이 일반적이나 산지에 따라 다르다. 딱지날개는 대체로 긴 타원형이나 앞쪽이 약간 좁으며, 위에는 3줄의 굵은 점선모양의 매우 너비가 좁은 홈이 있다.

생태_ 성충은 5~9월에 채집된 바 있다.

분포_ 한국, 중국

139 큰명주딱정벌레

Campalita chinense (Kirby)

딱정벌레과
Carabidae

특징_ 몸길이 25~40mm. 대형 딱정벌레로 몸은 대체로 길고 납작한 모양을 가진다. 몸 색깔은 전체가 어두운 흑적색인데, 특히 앞가슴등판은 어두운 구릿빛이 난다. 딱지날개는 몸에 비해 길고 세로로 3줄의 미세한 황색 점무늬가 밀포되어 있다.

생태_ 연 1회 발생하며 성충은 나방이나 나비의 애벌레를 잡아먹으며 애벌레시기에는 땅속의 다른 작은 절지동물을 잡아먹고 산다. 성충과 애벌레 상태로 월동하며 주로 밤에 활동한다.

분포_ 한국, 중국, 일본, 러시아(시베리아)

폭탄먼지벌레 140

Pheropsophus jessoensis Morawitz

딱정벌레과
Carabidae

특징_ 몸길이 11~18mm. 몸 색깔은 흑색이며 머리, 가슴, 다리는 황색이며 머리꼭대기의 무늬 앞가슴등판의 가운데 줄 앞뒤의 가장자리는 흑색이다. 딱지날개는 검은 광택이 없고 가운데에 1쌍의 큰 무늬, 어깨 부분, 옆구리의 테두리, 날개끝 등은 황색이다.
생태_ 호수나 개천 둥지와 같이 습한 지역에 살며 유충시기에는 땅속에서 지낸다. 주로 야간에 활동하며 돌밑이나 낙엽밑 또는 흙속서 숨어 지내다가 밤에 나와서 다른 벌레를 잡아먹는다. 위협을 당하면 꽁무니에서 독한 물질을 내뿜어 독가스를 만들며 도망간다.
분포_ 한국, 중국, 일본

141 주홍머리대장

Cucujus coccinatus Lewis

머리대장과
Cucujidae

특징_ 몸길이 13mm. 몸은 흑색이며 편평하다. 머리는 울퉁불퉁하다. 겹눈의 뒤쪽은 혹모양으로 볼록하게 돌출하였다. 딱지날개에는 길쭉하며 거친 점각이 있고 3줄의 종융이 있으나 바깥쪽의 1줄을 제외하고는 분명치 않다. 전반적으로 적홍색을 띤다.

생태_ 성충은 4~6월에 채집된 기록이 있다.

분포_ 한국, 일본

달무리무당벌레 142

Anatis halonis Lewis

무당벌레과
Coccinellidae

특징_ 몸길이 6.7~8.5mm. 비교적 대형 무당벌레류에 속한다. 배쪽은 흑색이나 등쪽은 황갈색이고 앞가슴등판의 가운데에 1쌍의 꺾인 무늬와 양 옆 중앙의 점무늬는 흑색이다. 딱지날개에는 주홍색이며 어깨쪽으로부터 4-6-6의 순서로 황색 점무늬가 있으나 개체마다 약간 다르다.

생태_ 연 1회 발생하며 소나무림에서 진딧물을 잡아먹고 산다.

분포_ 한국, 일본, 러시아(극동, 쿠릴열도)

143 무당벌레

Harmonia axyridis (Pallas)

무당벌레과
Coccinellidae

특징_ 몸길이 7mm. 체형의 크기는 중간 정도이며 두부의 색깔은 어두운 흑갈색이다. 몸은 반구형이며 겹눈 이외의 머리의 등면은 노란색에서 검은색까지 다양하다. 등쪽의 색깔은 검은 자주색을 띤다. 딱지날개는 9쌍의 작은 점무늬가 있는 것이 정상이나, 검은색 날개에 1쌍, 2쌍 또는 6쌍이거나 무늬가 없는 개체까지 변이가 매우 다양하다. 다리는 어두운 갈색이며 부분적으로 연한 색깔을 띤다. 앞다리의 경절은 머리 폭의 약 1.2배 정도이다.

생태_ 봄부터 가을까지 연중 성충을 관찰할 수 있으며 성충과 유충은 진딧물을 잡아먹는 익충이다.

분포_ 한국, 중국(동북, 중부, 남부), 일본, 타이완, 러시아(연해주, 사할린), 북미

느티나무벼룩바구미

144

Rhynchaenus sanguinipes (Roelofs)

바 구 미 과
Curculionidae

특징_ 몸길이 2~3mm. 몸은 전반적으로 황적갈색이다. 뒷다리가 잘 발달되어 있어 벼룩처럼 잘 뛴다. 머리는 작은 편이며 흑갈색에 가깝다. 다리는 약간 연한 황적갈색을 띤다.

생태_ 1년에 여러 세대 발생하는 것으로 보이며 정확한 생활사가 밝혀져 있지 않다. 월동한 성충이 4월경에 출현하여 잎의 가장자리의 엽육 속에 산란한다. 성충과 유충이 엽육을 식해한다. 성충은 주둥이로 잎 표면에 구멍을 뚫고 흡즙하고 유충은 잎의 가장자리를 갉아먹는다. 피해를 받은 나무가 고사되는 경우는 드물지만 5~6월에 피해를 입은 잎이 갈색으로 변해 경관을 해친다.

분포_ 한국, 일본

145 밤바구미

Curculio sikkimensis (Heller)

바구미과
Curculionidae

특징_ 몸길이 6~10mm. 전반적으로 황색 바탕에 갈색의 얼룩무늬가 몸을 둘러싸고 있는 느낌을 준다. 몸은 진한 갈색 바탕에 회황색의 인모가 밀생되어 있다. 날개에는 크고 작은 담갈색 무늬가 있고 중앙에 회황색 가로띠무늬가 있다.

생태_ 성충은 8~9월에 출현하며 수명은 1개월 정도이다. 밤나무에서 잘 알려진 해충으로, 긴 주둥이를 이용해서 밤에 구멍을 낸 후 그 곳에 알을 낳는다. 애벌레는 밤을 먹으면서 지내다가 9월 하순 이후부터 피해과(果)에서 탈출한 후 노숙 유충 상태로 땅속에서 흙집을 짓고 월동한다. 이듬해 7월 이후부터 번데기가 되며 8~9월에 성충으로 우화한다. 복숭아명나방과 함께 밤나무의 중요한 종실 해충이다. 배설물을 밖으로 배출하지 않으므로 밤을 수확해 밤을 쪼개 보거나 또는 유충이 탈출하기 전까지는 피해를 식별하기가 어렵다.

분포_ 한국, 중국, 일본, 러시아

흰점박이꽃바구미 146

Baris dispilota (Solsky)

바구미과
Curculionidae

특징_ 몸길이 4~5mm. 몸 색깔은 검은색을 띤다. 더듬이의 절반은 갈색이다. 앞가슴등판의 옆면과 딱지날개에는 황색의 비늘조각무늬가 있다. 주둥이의 모양은 구부러진 갈고리모양으로 흑색을 띤다. 노란색 털이 몸의 아래쪽에 많고 등쪽에서는 무늬를 형성한다.

생태_ 성충은 3~8월까지 출현한다. 성충은 각종 꽃에 모여들어 꽃가루를 먹으며, 애벌레는 대개 죽은 가지에서 산다.

분포_ 한국, 중국, 일본

147 가슴반날개

Algon grandicollis Sharp

반날개과
Staphylinidae

특징_ 몸길이 13~17.5mm. 몸 전체는 검은색을 띠며 광택을 띤다. 촉각, 겹눈, 다리는 황갈색이다. 겹눈은 큰 편이고 더듬이는 짧다. 앞가슴등판은 외형상 삼각형을 형성하며 흑갈색으로 광택이 난다. 딱지날개는 매우 짧아 복부의 1/3 정도만 덮는다. 다리는 흑갈색이다.

생태_ 성충은 6~9월에 채집된 기록이 있다.

분포_ 한국, 중국, 일본

빗수염반날개 148

Velleius pectinatus Sharp

반날개과
Staphylinidae

특징_ 몸길이 13~20mm. 몸 색깔은 전반적으로 흑색이며 딱지날개 테두리는 흑색이다. 앞쪽은 작은 황색무늬가 발달되어 있다. 더듬이는 마지막 마디가 매우 긴 것이 특징적이다.

생태_ 성충은 여름에 나무에 흐르는 진을 먹으며 강에서도 볼 수 있다. 9월초에 채집된 기록이 있다.

분포_ 한국, 일본

149 늦반딧불이

Lychnuris rufa (Olivier)

반딧불이과
Lampyridae

특징_ 몸길이 수컷 17mm, 암컷 30mm. 몸은 오렌지 빛이다. 일반적으로 머리는 앞가슴에 가려져서 잘 보이지 않으며 가슴의 등쪽면은 오렌지색을 띠는데 양 옆의 앞쪽에는 둥글고 투명한 부위가 있다. 수컷의 경우 흑갈색 날개가 발달되어 있어 날 수 있으나, 암컷은 퇴화되어 애벌레처럼 기어다닌다.
딱지날개에는 주름모양의 점무늬가 조밀하게 나 있다. 일반적으로 암컷은 복부가 크다. 복부의 끝부분에는 발광기관이 발달되어 있는데 황백색이며 유충에서도 나타난다. 밤에 풀잎에 앉아 약한 빛을 내는 것은 암컷이고, 밝은 빛을 내며 날아다니는 것이 수컷이다.
생태_ 성충은 8월중순부터 가을까지 관찰된다. 주로 산기슭의 깨끗한 개울가 또는 잡목림이 우거지고 그늘진 풀숲, 또는 논 등에서 관찰된다. 유충은 몸이 길며 마디로 나뉘어진 형태이다. 대부분 습기가 많은 계곡 주변에서 달팽이 등을 잡아먹는다.
분포_ 한국, 중국, 일본

애반딧불이 150

Luciola lateralis Motschulsky

반딧불이과
Lampyridae

특징_ 몸길이 7~10mm. 대체로 암컷이 수컷보다 몸이 크다. 머리는 앞가슴 아래에 숨어 있고 겹눈은 크다. 더듬이는 실모양을 띤다. 몸은 흑색이며 딱지개는 검은색, 앞가슴등판은 주황색이다. 암수 모두 날 수 있으며, 짝짓기를 하기 전에 암수 간에 서로 불빛으로 교신한다. 발광기는 암컷은 복부 제6마디에 1개, 수컷은 제6, 7 마디에 각각 1개씩 2개가 있다.

생태_ 연 1회 발생하며 성충은 6~7월에 우화하여 2~3일에 걸쳐 물가 이끼나 습한 곳에 50~100개의 알을 낳는다. 알에서 깨어난 애벌레는 물속에서 물달팽이, 우렁, 논고동 등을 먹고산다. 이듬해 5~6월에 땅 위로 올라와 돌밑, 흙속, 또는 풀뿌리 아래 등에서 며칠에 걸쳐 흙집을 짓고 번데기가 된다. 번데기에서 성충이 되기까지 약 1개월 정도가 걸리며, 성충은 15일 정도 산다.

분포_ 한국, 일본, 러시아(쿠릴열도, 아무르)

151 대유동방아벌레

Agrypnus argillaceus (Solsky)

방아벌레과
Elateridae

특징_ 몸길이 12~18mm. 몸은 전체적으로 광택이 있는 적색이다. 등쪽은 약간 둥글고 분홍색이며 적갈색 비늘모양의 털로 덮여 있다. 더듬이는 톱날처럼 생겼다. 가슴의 머리쪽 및 딱지날개쪽과 닿은 부분은 양쪽 가장자리가 뾰족하다. 큰 복부를 이용해서 딱딱거리며 튀어 오르는 습성이 있다.

생태_ 연 1회 발생하며 성충은 5~6월에 주로 관찰된다. 성충은 초본류의 잎을 갉아먹는다.

분포_ 한국, 중국, 러시아(극동), 타이완, 인도네시아

왕빗살방아벌레 152

Pectocera fortunei Candeze

방아벌레과
Elateridae

특징_ 몸길이 20mm. 방아벌레 무리 중 대형종에 속한다. 몸 색깔은 흑갈색이며 앞가슴등판과 딱지날개는 흰색의 털로 인하여 얼룩무늬가 군데군데 발달하여 있다.

생태_ 성충은 5~6월에 관찰된다. 애벌레는 썩은 나무의 껍질 또는 토양 속에서 관찰된다. 특히 애벌레는 이동성이 활발하여 작은 곤충류 등을 잡아먹고 산다. 가을철에 번데기를 거쳐 성충이 된 후 월동하는 것으로 알려져 있다.

분포_ 한국, 일본

153 노랑테병대벌레

Podabrus longissimus Pic

병대벌레과
Cantharidae

특징_ 몸길이 14~18mm. 국내 병대벌레 무리 중 가장 큰 종으로 알려져 있다. 머리의 더듬이삽입구 앞부분과 앞가슴등판이 둥근 사각형이며 검은색이나, 옆가두리는 황갈색이다. 각 다리의 발톱마디는 수컷의 경우 끝이 모두 갈라져 있는 특징이 있으며, 암컷에서는 모두 기부쪽에 치상돌기가 있다.

생태_ 성충은 5~6월경에 관찰되는데 비교적 고도가 높은 산지에서 출현한다. 다른 작은 곤충류나 진딧물을 잡아먹는다.

분포_ 한국, 중국, 러시아, 몽골, 유럽

금테비단벌레 154

Scintillatrix pretiosa (Mannerheim)

비단벌레과
Bupestridae

특징_ 몸길이 19mm. 몸은 초록색 바탕에 금빛 광택성 가루 같은 줄무늬가 발달되어 있으며 전체적으로는 금녹색을 띤다. 앞가슴등판의 가장자리에는 금속성 광택의 노란색 테두리가 발달하여 있다. 딱지날개의 옆가두리는 제일 바깥 가두리부까지 금적등색으로 선이 둘러져 있다. 갓노랑비단벌레라고도 불린다.

생태_ 성충은 6~8월에 주로 관찰된다. 보통 사과나무, 배나무, 두릅나무 등을 식해하는데 애벌레가 나무줄기와 가지에 불규칙한 구멍을 내면서 피해를 준다.

분포_ 한국, 일본

♂

♀

155 넓적사슴벌레

Serrognathus platymelus castanicolor Motschulsky

사슴벌레과
Lucanidae

특징_ 몸길이 수컷 38~85mm, 암컷 28~44mm. 우리나라에 서식하는 사슴벌레류 중 가장 많이 관찰되는 종 중에 하나이며 크기가 큰 대형종이다. 수컷의 경우 광택이 있는 검정색을 띠며 일부 작은 개체들은 광택이 많은 경우도 있다. 수컷은 큰턱이 두 갈래로 나 있으며 앞으로 나란히 향하고 있는데, 안쪽으로 이빨모양의 돌기들이 발달하여 있다. 암컷의 경우 큰턱은 수컷에 비해 짧고 날카로워서 단단한 나무에도 쉽게 구멍을 낼 수 있도록 발달하여 있다.

생태_ 야산이나 산에서 다양한 활엽수를 중심으로 서식한다. 낮에는 상수리나무 따위의 고목 속에서 숨어 있고, 밤에는 참나무류 등의 나무 진이나 과일에 모여든다.

분포_ 한국, 중국, 일본, 타이완, 인도차이나

사슴벌레 156

Lucanus maculifemoratus dybowskyi Parry

사슴벌레과
Lucanidae

특징_ 몸길이 수컷 40~70mm, 암컷 30~43mm. 몸은 적갈색, 흑갈색을 띠며 암컷이 더 진하고 매우 가는 황금색 미모로 덮여 있다. 머리의 앞 부위는 넓고 편평하게 발달하여 있으며 큰턱은 굵고 강하며 아래쪽을 향해 있다. 수컷은 몸집이 큰 개체와 작은 개체가 있는데 몸집이 큰 개체는 큰턱이 매우 잘 발달되어 여러 갈래의 사슴뿔처럼 생겼고 작은 개체는 뿔의 모양이 왜소하여 마치 다른 종으로 보이는 경우도 있다.

생태_ 보통 알에서 성충까지 2~3년이 걸린다. 성충은 주로 6~8월에 관찰할 수 있다.

분포_ 한국, 중국(동북), 일본

157 애사슴벌레

Macrodorcas recta (Motschulsky)

사슴벌레과
Lucanidae

특징_ 몸길이 수컷 15~48mm, 암컷 12~30mm. 몸은 약한 광택이 있는 흑색이며 비교적 소형종에 속한다. 큰턱은 가늘고 길며, 끝 쪽에서 굽었고, 그 안쪽에는 1개의 내치가 넓은 삼각형모양을 이루며 위쪽으로 향했다. 전흉배판의 중간 양 옆은 패였고, 뒤쪽 2/3가 되는 곳은 넓게 돌출하였다. 딱지날개는 미세한 점각이 조밀하게 분포하였고 암컷 이마에는 2개의 작은 돌기가 있다.

생태_ 성충은 5~10월에 관찰되며 주로 6~8월에 많이 활동한다. 기주식물은 참나무류이며 그 외에도 버드나무, 오리나무, 팽나무, 감나무 등도 포함된다. 고목이나 돌밑에서 성충월동을 하며 여름에는 나무 진에 모이고 불빛에도 날아온다.

분포_ 한국, 중국, 일본

♂ ♀

왕사슴벌레

158

Dorcus hopei (E. Saunders)

사슴벌레과
Lucanidae

특징_ 몸길이 수컷 26~53mm, 암컷 25~45mm. 몸은 흑색으로 광택이 있는 대형종으로, 사슴벌레의 상징인 큰턱은 몸에 비해 짧은 편이나 굵고, 둥글게 굽어져 있으며 길이는 수컷이 4~20mm, 암컷이 5~17mm 정도이다. 큰턱 안쪽의 이빨모양돌기는 1개이나 굵고, 전방을 향해 위쪽으로 뻗어 있다. 앞가슴등판은 넓은데 중간의 앞쪽과 뒤쪽이 깊게 패여 있는 것이 특징이다.

생태_ 우리나라에서는 경기, 충북을 비롯하여 부산에 이르기까지 널리 분포하나, 흔하게 관찰되지는 않는다. 특히 이들은 고산지보다는 야산과 같이 낮은 지역에 주로 분포하는 것으로 알려져 있다. 왕사슴벌레는 다른 종에 비해 수명이 가장 긴 것으로 유명한데 일반적으로 2~4년을 살며, 종 보호 차원에서 국외 반출이 법으로 금지된 종이다.

분포_ 한국, 중국, 일본

♂ ♀

159 톱사슴벌레

Prosopocoilus inclinatus (Motschulsky)

사슴벌레과
Lucanidae

특징_ 몸길이 수컷 23~45mm, 암컷 23~35mm. 몸은 적흑갈색, 흑갈색이며, 약한 광택이 난다. 머리의 앞쪽은 많이 패여 있다. 큰턱은 매우 크고 아래쪽으로 굽었으나, 소형 개체는 짧고 똑바르며 내치가 많아 톱날모양인 경우도 있다. 큰 개체의 내치는 1개의 큰 것과 몇 개의 작은 것이 중간보다 안쪽에 있다. 암컷은 등쪽이 높은 타원형이며, 점각이 발달하였다.

생태_ 전국적으로 고르게 분포하며 주로 졸참나무, 신갈나무 등 큰 활엽수가 많은 지역에 서식한다. 참나무류를 기주식물로 하며, 알에서 성충까지는 2~3년 정도 소요된다. 성충은 주로 7월에 우화하고, 불빛에 잘 날아오기도 한다.

분포_ 한국, 중국(동북), 일본

애기뿔소똥구리 160

Copris tripartitus Waterhouse

소똥구리과
Scarabaeidae

특징_ 몸길이 13~19mm. 몸은 광택이 나는 흑색이다. 뿔소똥구리와 비슷하지만 크기가 작은 편이며, 머리의 뿔도 매우 짧다. 앞가슴등판의 양쪽에는 2개의 돌기가 잘 발달하여 있다. 전경절 외치는 4개이다. 딱지날개의 줄무늬는 매우 선명하며 광택이 매우 강한 편이다.

생태_ 소를 방목하는 지역이 줄어듦에 따라 서식지를 점차 잃어가고 있는 종이다. 멸종위기야생동식물 2급으로 지정되어 보호되고 있다.

분포_ 한국, 중국, 일본, 타이완

161 검정송장벌레

Nicrophorus concolor Kraatz

송장벌레과
Silphidae

특징_ 몸길이 30~45mm. 몸은 흑색이며 대형종이다. 머리는 볼록한 모양이고 앞머리로 향하여 3줄의 홈이 나 있다. 머리방패는 등황색을 띤다. 앞가슴등판은 원반형이며 흑색의 작은 점각이 발달하여 있다. 딱지날개는 검은색을 띠며 불규칙한 2줄의 융기선이 나 있다. 다리는 흑색이며 뒷다리의 종아리마디는 안쪽으로 휘어져 있다.

생태_ 주로 산에서 땅 위를 기어다니는 모습을 관찰할 수 있다. 봄부터 가을까지 나타나며 각종 동물의 시체에 모인다. 특히 여름철에 활동이 활발하며 여러 척추동물의 시체를 땅속에 묻어 놓고 그곳에 알을 낳는다.

분포_ 한국, 중국, 일본, 타이완

넓적송장벌레

162

Silpha perforata perforata Gebler

송장벌레과
Silphidae

특징_ 몸길이 15~20mm. 몸은 검은색이며 약한 광택이 난다. 머리에는 작은 점무늬가 많으며 흑색이다. 앞가슴등판의 좌우 양쪽은 적갈색을 띠는데 중앙은 솟아 올라 있고 앞쪽으로는 점무늬가 발달하였다. 딱지날개에는 분명치 않은 3줄의 세로융기가 있다. 몸 아랫면과 다리는 흑색을 띤다.

생태_ 연 1회 발생하며 성충은 6~8월에 관찰된다. 성충 상태로 월동하며 유충은 풀줄기나 돌밑에서 살면서 썩은 동물의 시체를 먹고 산다.

분포_ 한국, 중국(동북), 일본, 러시아(시베리아, 사할린, 쿠릴열도)

163 왕바구미

Sipalinus gigas gigas (Fabricius)

왕바구미과
Rhynchophoridae

특징_ 몸길이 15~35mm. 몸은 검고 회갈색 가루 같은 것이 덮여 있다. 우리나라에 서식하는 바구미 중 가장 큰 종류로서 크기에 변이가 많다.

생태_ 성충은 연중 관찰되며 6~7월에 가장 많이 나타난다. 암컷은 소나무, 졸참나무, 떡갈나무 등의 쇠약목이나 원목 또는 벌근의 수피밑에 산란한다. 유충이 파먹은 흔적은 외부로 톱밥 같은 것을 배출하므로 피해가 쉽게 식별된다.

분포_ 한국, 중국, 일본, 동남아시아, 호주

남색잎벌레 164

Linaeidea aenea (Linne)

잎 벌 레 과
Chrysomelidae

특징_ 몸길이 7.0~8.0mm. 몸이 대체로 넓고 납작하다. 몸 색깔은 흑색이고 녹색을 띠며 광택이 있다. 머리는 작고 녹색이 감도는 남색이며 더듬이의 끝부분은 흑갈색을 띤다. 앞가슴등판과 다리, 더듬이는 적갈색이다.

생태_ 성충은 연중 관찰된다. 애벌레는 5월경에 집단생활을 하며 심한 냄새를 풍기는 습성이 있다. 번데기는 잎 뒤에 거꾸로 매달린다.

분포_ 한국, 일본, 러시아(시베리아, 사할린), 유럽

165 오리나무잎벌레

Agelastica coerulea Baly

잎벌레과
Chrysomelidae

특징_ 몸길이 6~7mm. 몸은 진한 남색 또는 어두운 자색을 띤다. 더듬이는 검은색이며 실모양이다. 앞가슴등판에는 작은 점무늬가 나 있으며 앞 모서리는 튀어나와 있다. 다리는 검은색을 띤다.

생태_ 연 1회 발생하며 성충으로 월동한다. 월동한 성충은 5월중순부터 나와 새 잎을 엽맥만 남기고 엽육을 먹으며 생활하다가, 5월중순~6월하순에 걸쳐 산란한다. 알기간은 약 15일 정도이다. 부화유충은 잎 뒷면에서 머리를 나란히 하고 엽육을 먹으며 점차 나무 전체로 분산하여 식해한다. 노숙유충은 6월하순~7월하순에 땅속으로 들어가 흙집을 짓는데, 번데기가 된 후 약 20일 정도 지난 7월중순부터 성충으로 우화하여 다시 잎을 먹다가 8월하순경부터 지면으로 내려와 월동에 들어간다. 성충과 유충이 동시에 오리나무 잎을 먹는다.

분포_ 한국, 중국(동북), 일본, 러시아(극동, 시베리아)

버들잎벌레 166

Chrysomela vigintipunctata (Scopoli)

잎벌레과
Chrysomelidae

특징_ 몸길이 7~9mm. 몸이 길고 납작한 모양이다. 머리와 몸은 흑색이고, 녹색이나 남색의 강한 광택이 있다. 앞가슴등판의 가운데는 녹색 광택이 있는 흑색이다. 딱지날개는 황갈색을 띠며 검은색 또는 청록색 얼룩무늬와 점무늬가 20개 정도 나 있다. 다리는 황갈색을 띤다.

생태_ 성충은 5~6월경에 흙 속에서 우화한다. 기주식물은 버드나무와 포플러 등이며 어린 유충은 군서하여 잎을 식해하고, 성장하면 분산하여 엽맥만 남기고 식해한다.

분포_ 한국, 일본, 타이완, 러시아(시베리아), 몽골, 유럽

♂

♀

167 장수풍뎅이

Allomyrina dichotoma (Linne)

장수풍뎅이과
Dynastidae

특징_ 몸길이 30~55mm, 너비 19~27mm. 한국에 서식하는 풍뎅이 무리 중 가장 큰 종류 중 하나이다. 수컷의 날개딱지는 광택이 나는 흑갈색이며, 암컷은 등판 전체에 연한 털이 있어 광택이 없다. 수컷의 머리에 나 있는 뿔은 사슴뿔모양으로 전방을 향하여 위쪽으로 구부러져 있다. 이 뿔의 끝이 갈라지고, 이들 가지 끝은 다시 둘로 갈라진 모양이며, 끝부분은 뒤로 젖혀졌고 개체 간 변이가 있다. 또한 앞가슴 중앙에도 끝이 둘로 갈라지고 앞쪽으로 향한 작은 뿔이 있다. 암컷은 뿔이 없고 대체적으로 원통형의 몸 형태를 갖추고 있다.

생태_ 평균 수명은 1년 정도이며 한국에서 가장 힘센 곤충 중 하나이다. 성충을 볼 수 있는 기간은 여름철 3개월 정도이다. 어른벌레는 상수리나무, 졸참나무, 밤나무와 같은 여러 종류의 나무 진에 모여드는 것을 볼 수 있으며, 또한 밤에 주로 활동한다.

분포_ 한국, 중국, 일본, 인도

주둥무늬차색풍뎅이 168

Adoretus tenuimaculatus Waterhouse

풍뎅이과
Rutelidae

특징_ 몸길이 9~12mm. 몸은 긴 알모양을 나타낸다. 몸 색깔은 갈색을 띤다. 딱지날개에는 백색의 짧은 털들이 모여서 된 점무늬가 있다. 앞가슴등판의 점각은 거칠고 조밀하지는 않으며, 후각은 둔하나 모서리가 분명하다.

생태_ 연 1회 발생하며 성충으로 월동한다. 월동한 성충이 5~6월에 출현하여 잎을 갉아먹는다. 성충은 야행성으로 불빛에 잘 모여들고, 흙 속에 알을 낳는다. 유충은 부식질이나 잡초의 뿌리를 가해한다. 성충은 기주식물의 잎을 엽맥만 남기고 식해한다. 기주식물로는 배나무, 사과나무, 포도나무, 감나무, 밤나무, 참나무 등 다양하다. 주위에 풀이 많으면 피해가 자주 발생한다.

분포_ 한국, 중국, 일본, 타이완, 인도

169 풍뎅이

Mimela splendens (Gyllenhal)

풍뎅이과
Rutelidae

특징_ 몸길이 17~23mm. 몸은 진한 초록색이며 광택이 나며 가끔 구릿빛 광택이 나기도 한다. 몸의 모양은 넓적한 난형이다. 앞가슴등판 가운데에 길이로 짧고 낮은 홈이 나 있으며, 가장자리가 분명하다. 수컷은 전부절이 짧다. 딱지날개에는 작은 점무늬가 세로로 발달하여 있다. 다리는 검은색이다.

생태_ 알에서 성충까지 1~2년 가량 걸리며 애벌레로 월동한다. 애벌레는 땅속의 식물뿌리를 먹고 자란다. 기주식물로는 밤나무, 감나무, 장미, 차나무, 무궁화, 찔레나무, 해당화, 벚나무, 참나무 등이 알려져 있다.

분포_ 한국, 중국, 일본, 타이완, 인도차이나

남색초원하늘소 170

Agapanthia pilicornis (Fabricius)

하늘소과
Cerambycidae

특징_ 몸길이 11~17mm. 몸 색깔은 흑청색이며 푸른빛의 남색에 광택이 있고 등쪽에는 흑색 짧은 털이 많다. 전체적으로 길쭉한 모양이다. 더듬이는 매우 길어서 몸의 1.5배 가량되며, 제3, 4마디에 흑색 털뭉치가 잘 발달되어 있다.

생태_ 평지와 야산의 풀밭에서 서식한다. 성충은 5~7월에 개망초나 국화과 식물에 모이며 잎이나 줄기를 먹는다. 성충과 애벌레 모두 기주식물을 식해한다. 전 한반도에 걸쳐 분포하며 영종도, 무의도, 거제도, 제주도 등지에도 분포 기록이 있다.

분포_ 한국, 중국, 일본, 러시아, 몽골

171 모자주홍하늘소

Purpuricenus lituratus Ganglbauer

하늘소과
Cerambycidae

특징_ 몸길이 16~23mm. 몸은 전반적으로 검은색을 띤다. 더듬이, 머리, 다리는 흑색이며 앞가슴등판과 딱지날개는 붉은 빛이 강한 적갈색이며, 앞가슴 등판에 5개의 흑점무늬가 있다. 날개를 접으면 딱지날개에 중절모같이 생긴 흑색 무늬가 나타난다.

생태_ 성충은 4월하순~8월에 걸쳐 야산에서 관찰된다. 주로 5월에 많은 개체수들이 활동한다.

분포_ 한국, 중국, 일본, 타이완, 몽골

버들하늘소 172

Megopis sinica (White)

하늘소과
Cerambycidae

특징_ 몸길이 30~55mm. 몸 색깔은 적갈색, 연한 갈색, 흑갈색 등 변이가 많다. 몸은 비교적 가늘고 긴 모양이다. 앞가슴등판은 앞쪽이 좁아져서 반원형의 모양이다. 딱지날개는 4개의 뚜렷한 세로줄 무늬가 있다. 암컷은 산란관이 길게 노출되어 끝이 뭉툭하다.
생태_ 성충은 7~8월에 출현한다. 애벌레는 오리나무, 황철나무를 비롯한 활엽수를 먹고 산다. 애벌레 또는 번데기 상태로 활동한다.
분포_ 한국, 중국, 일본, 타이완

173 붉은산꽃하늘소

Corymbia rubra (Linne)

하늘소과
Cerambycidae

특징_ 몸길이 12~22mm. 몸은 흑색이나 앞가슴등판과 딱지날개, 각 다리의 종아리마디는 적갈색이다. 온 몸에 매우 짧은 황색 털이 있고 더듬이는 몸보다 짧다. 머리와 가슴 부분은 검은색을 띤다. 더듬이는 몸길이보다 짧다. 딱지날개는 뒤쪽이 약간 좁고 비스듬하다.

생태_ 평지나 야산에 있는 초본류의 꽃 등에 많이 찾아온다. 성충은 5월부터 늦가을까지 출현하나 7~8월 사이에 가장 많이 관찰된다.

분포_ 한국, 중국, 일본, 러시아(시베리아)

뽕나무하늘소 174

Apriona germari (Hope)

하늘소과
Cerambycidae

특징_ 몸길이 35~45mm. 몸은 전체적으로 황갈색이다. 더듬이는 채찍모양이고 몸길이보다 길다. 앞날개는 흑색이나, 표면에 회황색의 미모가 밀생되어 있어 황갈색으로 보이며, 앞날개 기부 근처에 흑색 돌기가 많다.

생태_ 2년에 1회 발생한다. 성충은 7~8월에 출현하며 1~2년생 가지의 수피를 물어뜯고 목질부 표면에 100여 개의 알을 1개씩 산란한다. 알 기간은 10일이며 부화 유충은 수피 밑에서 목질부를 식해하다가 목질부 속으로 뚫고 들어가 차차 아래쪽으로 파먹어 들어간다.

분포_ 한국, 일본, 타이완

175 솔수염하늘소

Monochamus alternatus Hope

하늘소과
Cerambycidae

특징_ 몸길이 20~30mm. 몸 색깔은 적갈색이다. 날개에는 백색, 황갈색, 암갈색 작은 무늬가 불규칙하게 퍼져 있으며, 더듬이는 비교적 길어 수컷은 몸길이의 2~2.5배, 암컷은 1.5배 가량 된다.

생태_ 1년에 1회 발생하나 환경조건에 따라 일부 개체는 2년 1회 발생하기도 한다. 성충은 5월하순~8월상순에 약 6mm 가량 되는 원형의 구멍을 만들고 밖으로 나오는데, 가장 많이 출현하는 시기는 6월중, 하순이다. 우화한 성충은 어린 가지의 수피를 갉아먹는다. 이와 같은 행동을 후식이라고 하는데, 이 과정에서 생긴 상처를 통해 소나무재선충이 소나무 내부로 침입하게 된다.

분포_ 한국, 중국, 일본, 타이완

알락하늘소 176

Anoplophora malasiaca (Thomson)

하늘소과
Cerambycidae

특징_ 몸길이 25~35mm. 몸은 광택이 있는 흑색을 띤다. 날개에는 15~16개의 흰 점이 있다. 더듬이는 흑색이며 마디의 기부는 회백색이다. 더듬이는 몸길이에 비해 더 길며, 수컷의 경우 몸길이의 2배에 이르기도 한다.

생태_ 낮은 지대의 버드나무류에 서식한다. 성충은 6월중순~7월중순에 관찰된다. 갓 우화한 성충은 수관으로 올라가 8~12일 정도 후식한다. 이때 줄기의 수피를 고리모양으로 식해하기 때문에 가지가 말라 죽기도 한다. 지표 부근의 수피를 입으로 물어 뜯고 수피밑에 산란한다. 성충의 후식 피해는 크지 않으나, 잔가지의 수피둘레를 고리모양으로 갉아먹으므로 가지를 고사시키기도 한다. 최근에 아파트 단지에 조경용으로 심은 은단풍 등에 큰 피해를 주는 것으로 알려져 있다.

분포_ 한국, 중국, 일본

177 염소하늘소

Olenecamptus octopustulatus (Motschulsky)

하늘소과
Cerambycidae

특징_ 몸길이 8~12mm. 몸은 전체적으로 황갈색을 띠며 더듬이는 진갈황색으로 매우 길다. 앞가슴등판은 거의 사각형이며 측면에 작은 반타원형의 흰색 점무늬가 양끝 쪽으로 발달하여 있다. 딱지날개의 윗부분, 중앙부와 후반부에 흰색 작은 반점이 1쌍씩 있으며, 딱지날개의 끝부분에도 이 보다 작은 점무늬가 1쌍 나 있다.

생태_ 성충은 6월과 7월에 채집기록이 있다.

분포_ 한국, 중국, 일본, 몽골, 베트남

우리목하늘소 178

Lamiomimus gottschei Kolbe

하늘소과
Cerambycidae

특징_ 몸길이 25~35mm. 몸은 흑갈색 또는 황갈색을 띤다. 수컷이 암컷에 비해 몸이 작고 더듬이는 긴 편이다. 앞가슴등판은 황백색의 짧은 털로 덮였는데 특히 앞가슴등판 중앙 옆에는 가시모양의 돌기가 있고, 중앙부는 약간 융기되어 있으며 황갈색의 작은 점이 2개 있다. 딱지날개는 진한 황갈색인데 윗부분과 뒷부분에 각각 어두운 황토색 무늬가 나타난다. 다리는 어두운 황갈색이다.

생태_ 유충이 성충이 되기까지 3~4년 정도 걸린다. 성충은 6~8월에 관찰되며 야행성이다. 성충은 참나무류의 나무껍질을 갉아먹는데 유충은 나무 속 목질부를 먹는다.

분포_ 한국, 중국, 일본, 러시아(시베리아)

179 참나무하늘소

Batocera lineolata Chevrolat

하늘소과
Cerambycidae

특징_ 몸길이 45~52mm. 몸은 검은색이거나 흑갈색을 띤다. 더듬이는 흑갈색이며 수컷의 경우는 몸길이의 2배에 가깝다. 앞가슴등판에는 옆주름이 여러 개 있으며 중앙부에는 작은 흰색 점무늬가 길이로 나 있다. 딱지날개의 윗부분에는 흰색의 작은 점무늬가 산포되어 있고 바깥쪽을 따라 흰색 세로줄무늬가 몇 개씩 이어져 있다. 다리는 흑갈색이다.

생태_ 보통 2~3년에 1회 발생하며 성충은 5월중순~8월중순까지 관찰된다. 어린 나무보다 수령이 오래된 나무들이 많은 곳에 서식한다. 기주식물은 가시나무류, 밤나무, 참나무, 포플러, 오동나무 등 다양하다. 최근에는 그 개체수가 줄어들고 있어 보호가 요망되는 종으로 국외반출금지종으로 지정되어 있다.

분포_ 한국, 중국, 일본, 러시아(시베리아)

♂ ♀

장수하늘소 180

Callipogon relictus Semenov-Tian-Shansky

하 늘 소 과
Cerambycidae

특징_ 몸길이는 수컷이 85~108mm가량으로 우리나라에서 최대이다. 암컷은 수컷에 비해 다소 작아서 65~85mm. 몸은 황갈색 또는 흑갈색이며, 대부분 황색 잔털로 덮여 있다. 수컷의 경우 큰턱은 크고 튼튼하게 생겼는데, 위로 구부러져 있고 바깥쪽에 1개의 가지가 있다. 특히 개체별로 큰턱의 발달 정도에 따라 장치형, 중치형, 단치형 등으로 구분이 된다. 앞가슴등판의 옆가장자리에는 톱니모양의 돌기가 나 있으며, 등판에는 황갈색의 털뭉치가 있다.

생태_ 최근 장수하늘소는 서식개체수가 매우 적어 관찰이 거의 어려운 것으로 알려져 있다. 성충은 7~8월경에 출현하며, 유충시기에는 서어나무, 신갈나무, 물푸레나무 등의 목질부를 먹고산다. 알에서 성충이 되기까지 3~5년이 걸린다. 한국에 서식하는 곤충 중에서 유일하게 천연기념물 제218호로 지정되어 있다.

분포_ 한국, 중국, 일본, 러시아(극동)

181 털두꺼비하늘소

Moechotypa diphysis (Pascoe)

하 늘 소 과
Cerambycidae

특징_ 몸길이 16~27mm. 몸은 검은색이며 통통한 타원형이다. 더듬이는 검은색이며 긴 편이다. 앞가슴등판과 딱지날개가 울퉁불퉁하여 마치 두꺼비를 연상케 하여 붙여진 이름이다. 딱지날개의 윗부분은 검은색과 갈색 무늬가 복잡하게 섞여 있다. 다리는 흑갈색이며 군데군데 적갈색 무늬가 나타난다.

생태_ 주로 연 1~2회 발생한다. 4월하순부터 월동처에서 나온 성충은 나무껍질을 갉아먹으면서 생활하다가 교미한 후 수피를 물어뜯어 상처를 내고 산란한다. 특히 표고 골목의 경우, 벌채 당년에 종균을 접종한 직경 10cm 미만의 나무에 주로 산란하며 종균 접종 2년 이상 된 골목에는 산란하지 않는 것으로 알려져 있다.

분포_ 한국, 중국, 일본, 러시아(극동)

톱하늘소 182

Prionus insularis Motschulsky

하늘소과
Cerambycidae

특징_ 몸길이 23~50mm. 몸 색깔은 전체적으로 흑갈색이다. 앞가슴등판 옆에 톱니모양의 가시돌기가 발달하였다. 암컷의 더듬이는 12마디로, 톱날처럼 되어 있다. 다리와 딱지날개는 흑갈색이다.

생태_ 주로 산지에 서식하며 성충은 봄부터 늦여름까지 관찰된다. 애벌레는 주로 침엽수의 뿌리를 식해한다.

분포_ 한국, 중국, 일본, 러시아(극동)

183 하늘소

Massicus raddei (Blessig)

하늘소과
Cerambycidae

특징_ 몸길이 34~65mm. 몸은 흑갈색이며 수컷은 암컷에 비해 더듬이가 길다. 앞가슴등판과 날개딱지에는 회황색의 짧은 털이 밀생되어 있다. 머리에는 미세한 주름모양의 점각이 있고 앞가슴 등쪽에는 큰 주름이 있다. 날개는 끝이 둥글고 날개와 날개가 만나는 곳에 짧은 가시가 있다. 비교적 몸 크기가 큰 편이서 일반인들에 의해 종종 장수하늘소로 오인되는 대표적인 종이다.

생태_ 2년 1회 발생하며 상세한 생활사는 밝혀져 있지 않다. 성충은 7~8월에 출현하여 수피를 입으로 물어뜯은 후 1개씩 산란한다. 유충은 참나무류 등의 활엽수를 먹고산다. 보통 10~20년생의 건전목에 피해가 많으며 형성층을 식해함으로써 수액의 이동을 차단시켜 나무를 고사시킨다. 또 목질부에 구멍을 뚫어 놓으므로 목재의 가치를 떨어뜨리고 피해 부위가 바람에 잘 부러진다.

분포_ 한국, 중국, 일본

홍날개 184

Pseudopyrochroa rufula (Motschulsky)

홍날개과
Pyrochroidae

특징_ 몸길이 13~17mm. 머리는 눈 사이의 앞 쪽에 홈이 가로로 나 있는데 암컷의 것은 얕고 수컷의 것은 깊다. 더듬이는 빗살모양인데 암컷의 경우 제3마디의 가지는 이빨모양이며 작고 짧다. 딱지날개는 붉은 색을 띠며 붉은 색 털들이 촘촘하게 나 있다. 다리는 흑갈색이다.

생태_ 나무껍질에서 유충상태로 월동하며 이른 봄에 번데기가 된 후 성충으로 우화한다.

분포_ 한국, 일본, 러시아(사할린, 쿠릴열도)

185 참밑들이

Panorpa coreana Okamoto

밑들이과
Panorpidae

특징_ 몸길이 12~15mm. 머리와 겹눈은 검은색을 띠며 갈색의 주둥이가 길게 나와 있다. 수컷의 몸 색깔은 검은색이며, 암컷은 황색이다. 수컷 배끝에는 생식기가 길게 나와서 위로 굽은 것이 특징이다.

생태_ 연 1회 발생하며 성충은 4~8월에 출현한다. 성충은 주로 작은 곤충류를 잡아먹지만 식물의 엽육을 먹는 경우도 있다. 교미시에는 수컷이 암컷에게 먹이를 선물로 주고 암컷이 먹을 때 짝짓기를 한다. 사마귀의 경우처럼 교미할 때 암컷에게 잡아먹힐 수 있기 때문이다. 한국에서만 분포가 확인된 한국 고유종이다.

분포_ 한국

재래꿀벌 186

Apis cerana Fabricius

꿀벌과
Apidae

특징_ 몸길이 12mm. 몸은 흑갈색이고 갈색 긴 털이 매우 많다. 배는 거의 황갈색인 것부터 후반 각 배마디에 흑갈색 띠가 있는 것과 전부 흑갈색인 것이 있다. 머리와 가슴은 너비가 비슷하다. 더듬이는 굵고 검은색이다. 다리는 검은색이며 황색 털이 촘촘하게 나 있다.

생태_ 성충은 3~11월까지 볼 수 있으며 대표적인 사회성 곤충으로 1마리의 여왕벌, 다수의 일벌, 그리고 약간의 수펄로 이루어진다. 큰 집단이 되면 5만에서 8만 마리에 달한다. 여왕벌은 산란을 계속하며 많을 때는 하루에 2,000에서 3,000개의 알을 낳는다. 성충의 수명도 여왕벌은 수 년에 달하지만 다른 벌들의 수명은 짧다. 일벌의 경우 가을에 우화한 것은 이듬해 봄까지도 살지만, 여름에 우화한 일벌은 많은 노동을 하기 때문에 50일 정도밖에 못 산다.

분포_ 한국, 중국, 일본, 동남아시아

187 어리호박벌

Xylocopa appendiculata circumvolans Smith

꿀벌과
Apidae

특징_ 몸길이 22mm. 몸은 흑색이다. 날개는 흑색을 띠고 보랏빛이 도는 검정색 광택이 있다. 머리, 가슴의 아랫면, 배와 다리에는 흑색 또는 흑갈색 긴 털이 밀생한다. 앞가슴등판에는 황갈색 털이 조밀하게 나 있다.

생태_ 성충은 4~5월에 출현한다. 주로 죽은 나무 줄기 속에 굴을 파고 그 속에서 생활한다.

분포_ 한국, 일본

호박벌 188

Bombus ignitus Smith

꿀벌과
Apidae

특징_ 몸길이는 암컷 19~23mm, 수컷은 20mm, 일벌은 12~19mm이다. 이 종은 무늬의 변이가 심하여 분류, 동정상의 어려움이 있으며, 주로 산지에 많이 분포한다.

생태_ 평지나 산지에 서식한다. 일벌은 5월하순~10월상순에 꽃을 찾아다니는 것이 관찰된다. 주로 해바라기, 호박, 오이, 참깨, 광나무, 까치콩, 팥, 자운영 등 다양한 식물의 꽃을 찾는다.

분포_ 한국, 중국(동북), 러시아(극동, 프리모르, 우수리)

189 등검정쌍살벌

Polistes jadwigae jadwigae Dalla Torre

말벌과
Vespidae

특징_ 몸길이 19mm. 몸은 흑색인데 황갈색 띠무늬가 있다. 머리는 황갈색이며 겹눈은 흑색이다. 앞가슴등판의 앞 부분은 절반 가량이 적갈색이다. 날개는 적갈색이고 다리는 황갈색을 띤다. 복부는 흑색이며 각 마디의 사이 부분은 황갈색이나 제2마디 이하의 황갈색 띠는 양 옆에서 활무늬를 이룬다.

생태_ 성충은 6월에 출현한다. 나비나 나방의 애벌레를 잡아먹는다.

분포_ 한국, 일본, 몽골

땅벌 190

Vespula flaviceps lewisii (Cameron)

말벌과
Vespidae

특징_ 몸길이는 수컷 12~18mm, 암컷 15~19mm. 몸은 흑색 바탕에 많은 황색 무늬가 나 있으며 그 무늬의 변이가 심하다. 머리는 크고 흑색이다. 더듬이는 흑색이며 짧고 두껍다. 앞가슴등판은 둥글며 위쪽으로 가느다란 황갈색의 무늬가 있다. 복부는 짧은 편이며 끝으로 갈수록 가늘어지며 복부마디의 테두리를 따라 황갈색 띠무늬가 있다.

생태_ 주로 땅속에서 서식하며 성충은 5~6월에 출현한다. 성충은 땅속에 여러 층의 집을 만들며, 간혹 사람을 공격하여 피해를 입히기도 한다. 여왕벌은 가을에 교미하고 산란한다.

분포_ 한국, 중국(동북), 일본, 타이완, 러시아(극동, 사할린, 프리모르, 우수리, 시베리아)

191 말벌

Vespa crabro flavofasciata Cameron

말벌과
Vespidae

특징_ 몸길이는 수컷 27mm, 암컷은 여왕벌 29mm, 일벌 21~28mm. 머리는 황갈색이며 몸은 흑갈색이다. 정수리에 흑색의 마름모모양 무늬가 있다. 몸에는 갈색 또는 황갈색 털들이 길게 나 있다. 제1배마디 전연에 적갈색, 후연에 갈황색 띠가 있다. 제3배마디 이후로는 물결무늬 띠가 있다.

생태_ 성충은 6~10월 사이에 많이 볼 수 있다. 다른 곤충을 잡아먹는다.

분포_ 한국, 중국(동북), 일본, 러시아(극동, 사할린, 시베리아), 유럽

뱀허물쌍살벌 192

Parapolybia varia (Fabricius)

말벌과
Vespidae

특징_ 몸길이는 수컷 10~13mm, 암컷 15~22mm. 몸은 황적갈색을 띤다. 머리방패는 황색이며 큰턱의 말단부는 암갈색이다. 머리와 가슴은 매끈하지만 광택은 없다. 가운데 가슴등판은 암갈색 또는 황적갈색이다. 다리는 황갈색이나 가운뎃다리와 뒷다리의 발목마디는 암색이다. 날개는 황갈색으로 반투명하다.

생태_ 성충은 4~9월 많이 볼 수 있다. 나비목 유충을 잡아서 새끼를 먹인다.

분포_ 한국, 일본, 타이완, 미얀마, 인도

193 호리병벌

Oreumenes decoratus (Smith)

호리병벌과
Eumenidae

특징_ 몸길이 25~30mm. 수컷은 몸이 흑색이나 머리방패와 그에 접하는 더듬이의 기부, 더듬이의 자루마디에 있는 줄무늬, 겹눈의 무늬는 짙은 황색이다. 날개는 갈색 빛이 돌고 광택이 있다. 복부는 흑갈색이며 윗부분, 중간, 끝부분에 황갈색의 띠무늬가 있으며 가운데 부분은 둥글게 팽대되어 있다. 다리는 흑갈색을 띤다.

생태_ 성충은 6~10월에 출현한다.

분포_ 한국, 중국(동북), 일본, 타이완

꽃등에 194

Eristalis tenax (Linne)

꽃등에과
Syrphidae

특징_ 몸길이 14mm. 몸은 크고 흑갈색이며, 겹눈이 크다. 가슴등판은 어두운 색 가루로 덮여 있고, 앞의 절반에는 5개의 짙은 회색 세로줄과 중앙이 끊긴 1개의 가로띠무늬가 보인다. 배는 크고 황적색, 등면 가운데에 흑색 무늬가 있다. 다리와 더듬이는 흑갈색이다.

생태_ 유충은 수서생활을 하며 성충은 꽃에 날아오기도 하지만 유충시기에 살던 오물에도 모이므로 전염병을 매개할 수 있다.

분포_ 한국 및 전 세계

195 배짧은꽃등에

Eristalis cerealis Fabricius

꽃등에과
Syrphidae

특징_ 몸길이 12mm. 머리 중앙에 흑색 세로줄이 뚜렷하나, 배는 검은색을 띠며 제2마디에는 1쌍의 황갈색을 띤 삼각형무늬가 잘 발달되어 있다.

생태_ 연 3~4회 이상 발생하며 성충은 4~10월에 관찰된다. 주로 꽃이 핀 들판이나 숲에 많이 서식한다. 파리 특유의 끈적이는 주둥이를 이용해서 식물의 수분을 도와준다. 벌과 모양이 흡사(의태)하여 종종 오인되기도 한다.

분포_ 한국, 중국(동북), 일본, 타이완

어리대모꽃등에 196

Volucella pellucens tabanoides Motschulsky

꽃등에과
Syrphidae

특징_ 몸길이 16~18mm. 몸은 크고 광택이 있는 흑색이다. 머리와 겹눈 사이는 암컷의 경우 앞면이 오렌지색을 띤다. 가슴등판 옆 가장자리 털은 적다. 암컷은 옆가장자리에 굵은 세로줄무늬와 가장자리 반원무늬가 오렌지색이다.

생태_ 5~8월에 많이 출현한다.

분포_ 한국, 일본, 러시아(사할린, 시베리아)

197 왕소등에

Tabanus chrysurus Loew

등에과
Tabanidae

특징_ 몸길이 23~26mm. 몸은 흑갈색을 띤다. 머리에는 회갈색 가루와 황금색 털이 나 있다. 가슴 등면의 색깔은 흑갈색이나, 중앙에서 떨어진 황금색 털로 된 2개의 세로줄이 있고, 날개의 기부, 앞옆 가장자리는 황색이다. 복부의 각 마디에는 노란색 털로 된 가로띠가 나 있다. 다리는 흑갈색이다.

생태_ 주로 소, 말 등에 붙어산다.

분포_ 한국, 중국(동북부), 일본, 러시아(극동)

파리매 198

Promachus yesonicus Bigot

파리매과
Asilidae

특징_ 몸길이 25~28mm. 몸은 흑색을 띤다. 겹눈 사이는 머리 폭의 약 1/4 정도이며 갈색 가루로 덮여 있다. 얼굴은 아래쪽 절반이 뚜렷이 앞으로 융기되었고 황색 가루와 황색 털로 덮여있다. 주둥이와 더듬이는 흑색이다. 가슴등판은 갈색 가루로 덮여 있으며 중앙에 암색 세로줄이 2개가 나 있다. 날개는 약간 흐리고 다리는 흑색이나 종아리마디는 끝을 제외하고 황적색이다. 배는 제5배마디 또는 제6배마디까지 각 마디 뒤 가장자리에 황색으로 된 가로띠가 발달되어 있다. 수컷의 배끝에는 백색 털뭉치가 있다.

생태_ 다른 파리류 등을 잡아먹고 산다. 성충은 7~8월에 채집기록이 있다.

분포_ 한국, 일본

199 노랑뿔잠자리

Ascalaphus sibiricus Eversmann

뿔잠자리과
Ascalaphidae

특징_ 날개 편 길이 60mm. 몸은 전반적으로 검은색 털로 덮여 있다. 날개는 투명하며 노란빛을 띤다. 더듬이는 매우 길어서 날개 길이 정도이며 검은색을 띤다. 더듬이의 끝부분은 두껍게 확장되어 있어 뭉쳐진 모양을 하고 있다. 머리와 가슴 및 다리도 검은색을 띠며 부분적으로 진한 노란색 무늬가 발달되어 있다. 외형상 나비와 비슷한 모양을 하고 있어 종종 나비로 오인되는 경우가 있으나, 더듬이가 매우 길고 끝이 뭉뚝하게 뭉쳐져 있는 특징으로 구분된다.

생태_ 연 1회 발생하며 성충은 4~6월에 주로 관찰된다. 성충은 마른 나뭇가지 또는 나뭇잎에 알을 낳으며 알에서 부화한 애벌레는 명주잠자리의 애벌레와 유사한 형태를 보인다. 애벌레는 지표면의 나뭇잎 등에 숨어 지내면서 작은 곤충을 잡아먹고 산다. 애벌레 상태로 월동한다.

분포_ 한국, 중국, 일본

명주잠자리 200

Hagenomyia micans (MacLachlan)

명주잠자리과
Myrmeleontidae

특징_ 몸길이 40mm, 앞날개 길이는 수컷 36mm, 암컷 45mm. 외형은 잠자리를 닮았으나 잠자리에 비해 움직임이 느리고 더듬이가 매우 길다. 계통적으로도 잠자리와는 거리가 멀다. 몸은 길쭉하고 막대모양을 하고 있다. 몸은 어두운 갈색이나, 머리는 검고 뒷머리의 팬 곳, 입, 가슴 아래, 다리 등은 노란색을 띤다.

생태_ 산기슭이나 인가에 가까운 숲 속에 서식한다. 성충은 6~10월에 출현한다. 알에서 부화한 유충은 특이한 습성을 가지는데, 다소 그늘이 진 모래땅에 깔때기모양의 구멍을 파고 그 속에 숨어 있다가 구멍에 미끄러져 떨어지는 개미 등의 작은 곤충을 큰턱으로 집어 체액을 빨아먹는다. 이와 같은 습성으로 인해 개미귀신이라고도 불린다. 성충은 저녁부터 밤까지 모기 등 작은 벌레를 잡아먹기 위해 날아다닌다.

분포_ 한국, 중국, 일본, 타이완

국명*찾아보기

학명*찾아보기

우리 산에서 만나는 곤충 200가지
200 Insects of Forest in Korea

초판 1쇄 발행 2009년 12월 24일
초판 8쇄 발행 2017년 3월 30일

지은이 국립수목원
집필 변봉규, 이봉우, 조동광
편집기획 변봉규, 조동광, 이유미

펴낸곳 지오북(GEOBOOK)
펴낸이 황영심
디자인 김길례

주소 서울특별시 종로구 사직로8길 34, 오피스텔 1321호
(내수동 경희궁의아침 3단지)
Tel_ 02-732-0337
Fax_ 02-732-9337
eMail_ book@geobook.co.kr
www.geobook.co.kr

출판등록번호 제300-2003-211
출판등록일 2003년 11월 27일

ISBN 978-89-959394-8-2 06490